구본준의 마음을
품은
집

구본준의 마음을 품은 집

초판 1쇄 발행 2013년 2월 10일
초판 7쇄 발행 2022년 1월 10일

지은이　구본준
펴낸이　이영선
편집　이일규 김선정 김문정 김종훈 이민재 김영아 김연수 이현정 차소영
디자인　김회량 이보아
독자본부　김일신 정혜영 김민수 박정래 손미경 김동욱

펴낸곳 서해문집 | 출판등록 1989년 3월 16일(제406-2005-000047호)
주소 경기도 파주시 광인사길 217(파주출판도시)
전화 (031)955-7470 | 팩스 (031)955-7469
홈페이지 www.booksea.co.kr | 이메일 shmj21@hanmail.net

ⓒ 구본준, 2013
ISBN 978-89-7483-591-0　03610

이 도서의 국립중앙도서관 출판예정도서목록(CIP)은 서지정보유통지원시스템 홈페이지(http://seoji.nl.go.kr)와 국가자료공동목록시스템(http://www.nl.go.kr/kolisnet)에서 이용하실 수 있습니다.(CIP제어번호: CIP2013000511)

구본준의 **마음을 품은 집**

그 집이 내게 들려준
희로애락
건축 이야기

喜怒哀樂

서해문집

미소 짓는 집이 있다.

분노로 찡그린 집이 있다.

눈물 흘리는 집이 있다.

즐거움으로 들썩이는 집이 있다.

저기,

마음을 품은. 집이. 있다.

그 집이 내게. 이야기를. 걸어왔다.

구본준의 喜怒哀樂

희로
애락

건축 이야기

들어가며
건축은 희로애락의 드라마가 펼쳐지는 극장

　왜 건축에 빠져들었는지 아직도 정확하게 설명하기는 어렵다. 하지만 저절로 이 매력적인 장르에 빠져들 수밖에 없었다.
　책을 쓰게 되면서 왜 건축은 재미있는지, 왜 나는 건축을 좋아하게 되었는지 생각해본다.
　건축의 묘미는 건축이 '공간'이기 때문이 아닐까. 눈에 보이는 건물 자체가 아름다울 때 우리는 건축을 좋아하게 된다. 하지만 건축은 아름다운 외관을 만드는 것인 동시에 그 안의 내부 공간을 만드는 작업이기도 하다. 그 공간은 눈이 아니라 몸으로 느끼게 된다.
　그래서 멋진 공간을 만나면 건축을 더욱 사랑하게 된다. 그리고 그 공간에서 보낸 시간을 통해 건축과 친구가 된다. 건축은 공간으로 만들어지고, 공간을 완성하는 것은 결국 시간이다. 그 시공간 사이에 인간이 있다. 이 세 가지가 어우러지면 건축에는 이야기가 생긴다.

　처음에는 디자인이 멋지고 근사한 건축이 좋았다. 하지만 눈에 보이는 것이 전부는 아니었다. 집에 담긴 이야기를 알게 되면서 건축이 다시 보이기 시작했다. 그 이야기들은 인생 그 자체였다. 너무나 감동적인 이야기도 있었고, 슬프기 짝이 없는 사연도 있었다. 오욕칠정이 스며든 건축은 희로애락의 드라마가 펼쳐지는 극장과도 같았다. 이야기를 듣고 나면 기쁨이 깃든 건물도, 분노가 담긴 건물도, 겉으로는 이상해 보였던 건물도 모두 아름답게 보였다.

건축은 미술도 디자인도 아닌 인간의 모든 것을 담은 그릇이다. 우리 마음이, 우리 과거가, 우리 꿈이 건축을 통해 만들어지고 남겨지고 이어진다. 건축과 친해지면서 나는 집을 통해 인생과 역사, 문화와 사회를 비로소 들여다볼 수 있었다.

책에서 소개하는 여러 집들은 시대도 다르고 나라도 다르고 스타일도 다르다. 그러나 그 안에 담긴 이야기는 시공간을 초월하는 우리 자신의 모습 자체다. 집들이 내게 들려준 그 이야기를 전해주고 싶어 이 책을 썼다. 책을 읽으시는 모든 분들이 건축이란 새 친구를 만나게 된다면 더 이상 바랄 것이 없다.

건축을 공부하면서 많은 선생님을 얻게 된 것은 아름다운 집을 만나는 것보다 더 행복했다. 건축과 사회를 바라보는 관점을 가르쳐주신 김성홍 선생님, 도시와 인간에 대해 일깨워주신 박철수 선생님, 역사와 문화가 건축에 얼마나 아름답게 녹아드는지 알려주신 이강근 선생님, 그리고 부족한 글을 엮어 이 책을 아름다운 집처럼 멋지게 지어준 편집자에게 특히 감사드린다.

2013년 2월 동백 땅콩집에서

구본준

들어가며 • 건축은 희로애락의 드라마가 펼쳐지는 극장 / 6

喜 희

이진아기념도서관
기쁨으로 승화된 슬픔, 만들어지지 않았으면 더 좋았을 아름다운 도서관 / 14

이진아기념도서관에 숨어 있는 또 다른 이야기, 바로 벽돌 벤치 / 32

대한성공회 서울대성당
고난을 이겨낸 기쁨, 한국에만 있는 특별한 종교건축 / 36

외국 종교가 한국과 건축으로 만나는 방법 / 58

어린이대공원 꿈마루
되살아난 부활의 기쁨, 잊혀지고 사라졌다 돌아온 건물 / 62

기적의 도서관
위대한 나비효과, 태평양을 건너 한국에 기적의 건축물을 만들다 / 80

정기용이 세운 또 하나의 기록 / 94

怒 로

전쟁과 여성인권박물관
끝나지 않은 분노의 건축, 트라우마를 치유하는 집 / 100

도동서원
오기로 지은 독종의 건축, 죽음의 의미를 묻는 조선 건축의 스타 / 120

시드니 오페라하우스
분노와 저주의 건축, 건축주와 건축가를 원수로 만든 집 / 140

옛 부여박물관
대중의 분노, 건축가의 치욕, 한국에서 가장 많은 욕을 먹은 건물 / 160

哀 애

봉하마을 묘역
아무도 예상 못한 죽음이 만들어낸 새로운 건축 / 178

시기리야 요새
건축으로도 결코 막지 못한 운명, 하늘에 떠 있는 비운의 성 / 196

프루이트 아이고와 세운상가
세상에서 가장 불행했던 아파트, 세인트루이스와 서울에서 벌어진 비극 / 212

아그라포트
미친 아버지, 그 아버지를 응징한 아들, 슬픔의 성 / 236

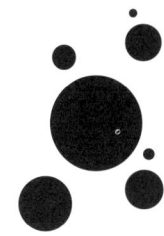

樂 락

창덕궁 정자
왕의 정자, 정자의 왕을 만나다 / 260

선교장
조선 최고 부자가 일군 즐거운 소통의 집, 전통백과사전 같은 저택 / 282

충재
세상에서 가장 작아 가장 커진 집 / 306

문흥발전소
점집과 정자로 꾸민 세상에서 가장 유쾌한 사무실 / 326
사무실 운영 방식을 '헌법'으로 명시한 건축가, 리처드 로저스 / 348

사진 출처 / 352

喜

이진아기념도서관
  기쁨으로 승화된 슬픔,
  만들어지지 않았으면 더 좋았을 아름다운 도서관

대한성공회 서울대성당
  고난을 이겨낸 기쁨,
  한국에만 있는 특별한 종교건축

어린이대공원 꿈마루
  되살아난 부활의 기쁨,
  잊혀지고 사라졌다 돌아온 건물

기적의 도서관
  위대한 나비효과,
  태평양을 건너 한국에 기적의 건축물을 만들다

19800915　　맑고 순진한 천진난만한

서울에서 태어나다

이진아기념도서관
LIBRARY

무너지는 슬픔

에서 영원한 나라로 가다

마지막 선물을 준비하다

모 가장 때리는 한 아버지의 간절한 사랑으로 서대문구립 이진아 기념도서관이 건립되었습니

책을 좋아했던 딸을 그리며

가슴에 묻은 대신 영원히 살리기로 결심하다

이쁜 엄마 언서가 간접 가증하다

기쁨으로 승화된 슬픔,
만들어지지 않았으면 더 좋았을 아름다운 도서관

이진아기념도서관

오래전, 생각이 깊어 널리 존경받는 이가 있었다. 어느 날 그에게 한 사람이 찾아와 자기 가족을 위한 글 하나를 써달라고 부탁했다. 잠시 생각하던 그는 여섯 글자를 써주었다.

'父死 子死 孫死'

글을 부탁한 사람은 너무나 화가 나 버럭 소리를 질렀다.

"아니, 이런 저주가 어디 있습니까. 아비가 죽고 아들이 죽고 손자가 죽는다니요!"

예상 못한 악담이란 생각에 펄펄 뛰는 그 사람에게 글쓴이는 차분히

글의 의미를 설명했다.

"세상에서 가장 큰 불효가 자식이 부모보다 먼저 죽는 겁니다. 부모에게 자식이 죽는 것처럼 끔찍한 일도 없잖습니까. 그러니 태어난 순서대로 제명을 누리고 차례대로 죽는 것만큼 가족에게 행복한 일도 없습니다. 저 글은 부모, 자식, 손자 세대가 천수를 누리라는 뜻으로 쓴 것입니다."

분노했던 손님은 그제야 고개를 끄덕였다.

부모보다 자식이 먼저 죽는 것을 참척慘慽이라고 한다. 세상에 참척만 한 비극은 없다. 자연의 순리대로 천수를 누리는 것이 인생 최고의 복이라고 여겼고, 인생에서 가장 중요한 것이 효도라고 생각했던 동양 문화권에서 인생 최악의 형벌은 부모로서 자식이 먼저 죽은 것을 보아야 하는 일이었다. 물론 어찌 동양뿐일까. 자식을 먼저 떠나보내고 가슴에 묻는 것은 사람이 당할 수 있는 가장 슬픈 운명의 장난이다. 이 끔찍한 비극은 자신의 의지와는 상관없이 누구에게나 일어날 수 있는 것이기도 하다.

한 번 생각해보자. 만약 눈에 넣어도 아프지 않을 딸이 다 큰 다음 갑자기 세상을 떠난다면, 부모보다 먼저 하늘나라로 간 그 딸을 위해 부모로서 무언가 해주고 싶다면, 과연 부모는 어떤 것을 할 수 있을까?

한 사업가가 있었다. 누구에게나 그렇듯 그에게 가장 소중한 보물은 두 딸이었다. 큰딸의 이름은 현아, 둘째 딸 이름은 진아였다. 딸을 너무나 사랑했던 아버지는 자기 회사의 이름도 딸의 이름에서 한 자씩 가져와 현진어페럴로 지었다.

현진어페럴 대표인 그 아버지 이상철 씨는 일밖에 모르는 이였다. 일에 미쳐 살다 보니 두 딸의 입학식과 졸업식에 단 한 번도 가보지 못했다. 검소하고 부지런했던 그는 의류회사를 착실히 성장시켜 1억불 수출탑을 받을 정도로 성공한 사업가가 됐다. 회사가 커진 뒤에도 자가용도, 비서도 없이 그저 일만 열심히 하며 살았다. 아버지로서 자식들을 잘 챙겨주지 못한 게 늘 미안할 뿐이었다.

2003년 5월, 아버지는 미국 뉴욕으로 출장 갈 일이 생겼다. 마침 둘째 딸 진아 씨는 그 해 봄 동시통역사의 꿈을 안고 미국 보스턴에 어학연수를 떠나 있었다. 출장 일정에서 하루 짬을 낸 아버지는 뉴욕에 막내딸과 만나 평생 처음으로 데이트를 했다. 거리에서 부녀가 함께 사진도 찍고, 브로드웨이에서 뮤지컬도 보고, 맛있는 저녁도 먹으며 모처럼 아버지 노릇을 한 뒤 이상철 씨는 귀국 비행기를 탔다.

이상철 씨가 한국에 돌아오고 열흘쯤 뒤였던 6월 2일 새벽, 미국에서 전화 한 통이 걸려왔다. 평소처럼 '진아가 걸었겠지' 하고 받은 전화는 아버지에게 실로 하늘이 무너지는 소식을 전했다. 딸 진아 씨가 보스턴에서 교통사고로 숨졌다는 소식이었다. 딸의 나이 겨우 스물세 살이었다.

한없는 슬픔 속에서 간신히 마음을 추스른 아버지는 젊은 나이에 세상을 떠난 딸을 위해 할 수 있는 일을 찾았다. 꿈조차 제대로 펼쳐보지 못하고 죽은 딸의 이름으로 무언가를 해보자고 결심한 아버지는 사재 50억 원을 털어 도서관을 지어 사회에 기부하기로 했다.

  이상철 씨는 어린 시절 집안 형편이 어려워 한 독지가의 도움으로 학업을 마칠 수 있었다. 자신이 사회로부터 도움을 받아 꿈을 이룰 수 있었던 것처럼, 그는 자기 재산을 사회에 환원해 남을 돕기로 결심했다. 도서관으로 용도를 정한 것은 평소 사회봉사에 관심이 많았던 딸 진아에게 가장 어울리는 시설이고, 진아 씨 또래들이 즐겨 찾을 수 있는 곳이 바로 도서관일 것이란 생각에서였다.

  이상철 씨는 50억 원을 기부하면서 딱 한 가지 조건을 내걸었다. 떠난 딸의 이름만이라도 남기고 싶어 도서관 이름을 딸의 이름으로 하고 싶다는 부탁만 덧붙였다. 그리고 새로 지을 도서관은 건물 터를 제공하는 서울의 한 구에 기증하기로 했다. 도서관이 지어지고 나이가 더 들어 일을 못하게 되면 아버지는 도서관을 찾아가 휴지나 줍고 뛰노는 아이들에게 과자나 사주며 여생을 보내게 되길 바랐다.

  그의 기부 소식을 듣고 서울 여러 구들이 부지를 제공하겠다는 의사를 밝혔다. 아버지는 딸의 이름을 딴 도서관이 오래오래 있어주기를 바라는 마음에서 아무 연고도 없지만 공원 부지를 제공하기로 한 서대문구를 선택했다. 공원 땅이라면 앞으로 혹시 도시계획으로 사라질 일이 없을 것이란 생각에서였다. 서대문구는 아버지 이상철 씨가 기증한 50억 원에 10여억 원을 보태 서울 독립공원에 딸의 이름을 붙인 '이진아기

죽은 딸을 위해 아버지가 지은 도서관

념도서관'을 짓겠다고 발표했다. 이진아 씨가 세상을 뜬 지 넉 달쯤 뒤였던 2003년 11월이었다.

  이상철 씨의 기부는 개인의 비극이 낳은 슬픈 기부였지만 그 액수가 워낙 컸고, 공공도서관을 개인이 사회에 기증한다는 점에서 한국 기부사에 남을 이야기였다. 이 기부 덕분에 탄생하게 된 이진아기념도시괸은 옛 서대문형무소 뒤쪽 공원 안 산기슭에 터를 잡았다. 그리고 얼마 뒤 이 도서관 설계안을 뽑는 현상공모가 시작됐다. 여러 건축가들이 낸 수많은 설계 가운데 당시 40대 초반의 젊은 건축가 한형우(현 호서대 교수) 씨의 작품이 당선작으로 뽑혔다.

서대문형무소 붉은 벽돌담   건물 뒤로 보이는 인왕산

  현상 공모 소식을 접하고 도서관이 세워지게 된 가슴 아픈 사연을 알게 된 건축가 한 씨는 도서관이 들어설 장소부터 찾아갔다. 부지는 높이 5미터의 거대하고 긴 서대문형무소의 붉은 벽돌담과 마주하고 있는 곳이었다. 그리고 고개를 들면 곧바로 아름다운 인왕산이 한 폭의 그림처럼 보였다. 건축가라면 누구나 건물을 짓고 싶은 욕심을 낼 만한 멋진 장소였다.

  건축가는 이 훌륭한 장소와 이진아 씨의 슬픈 사연을 모두 담아낼 건물을 고민했다. 그리고 과감한 결단을 내린다. 고인을 기리는 것에 너무 무게를 두어 도서관을 찾는 이들에게 심리적 부담을 주기보다는 "이진아를 기념하되 오히려 이진아를 잊는" 도서관, 시민들이 다시 찾아오고 싶어 하는 밝은 도서관, 그래서 고인을 기리는 뜻이 조용히 살아나는 도

도서관 창문에서 보이는 인왕산   통으로 시원하게 뚫린 내부와 유리 계단

서관으로 구상을 한 것이다.

건물이 들어설 땅의 의미, 그리고 주변 환경과의 조화를 늘 생각해야 하는 건축가에게 새 도서관이 고려해야 할 가장 중요한 요소는 바로 옆 서대문형무소, 그리고 맞은편의 인왕산이었다.

건축가는 일제 강점기에는 독립운동가들이, 군사독재 시절에는 민주화인사들이 고통받았던 서대문형무소의 실고 어두운 복도를 도시관에서 새로운 공간으로 탈바꿈시켜 표현하기로 했다. 감시하기 쉽게 한곳에서 모두를 바라볼 수 있게 짓는 형무소의 트인 구조를 빛이 들어오는 환한 공간, 열린 공간으로 바꿔 모두가 시선으로 소통하는 공간으로 만들자는 생각이었다. 그리고 이곳에서 보이는 가장 아름다운 전망인 인왕산이 도서관의 일부가 되는 건물을 구상했다.

경사로로 시작되는 도서관 정면   모서리를 돌면 나타나는 시원한 풍경

그래서 내부가 통으로 시원하게 뚫리고, 그 안으로 투명한 유리 계단이 리듬감 있게 배치되는 도서관이 탄생한다. 계단과 복도를 오가는 이용객들이 넓은 내부 공간 속에서 자연스럽게 마주치는 구조다.

그리고 도서관은 지상에서 살짝 올라가 2층 높이에서 1층이 시작하도록 떠 있는 건물이 된다. 경사로를 따라 주 출입구로 올라서면 끝에 밝은 빛만 떨어지고, 그 모서리를 돌면 인왕산의 전경이 액자처럼 펼쳐진다. 경사로에선 아이들이 뛰어놀고 그 모습을 인왕산이 내려다본다.

건축가의 과감한 선택은 생애 처음으로 현상공모 당선을 안겨줬다. 한형우 건축가에게 이 당선은 큰 기쁨이기도 했다. 설계 공모에서 매번 안타깝게 당선을 놓쳤던 그가 처음으로 맡았던 큰 규모의 건물이었다. 가장 슬픈 건물이 그에게는 가장 큰 기쁨이 되는 역설적인 순간이었다. 한 개인의 비극 속에서 탄생하게 된 도서관이 찾아오는 모든 이들에게 가장 즐겁고 의미 있는 공간이 되도록 그는 자신의 모든 것을 쏟아부었다.

　당시만 해도 도서관은 대부분 네모난 열람실이 반복되는, 길쭉한 학교 건물 같은 개성 없는 건물들이 대부분이었다. 그리고 책을 읽는 이들보다 시험공부를 하는 수험생들이 더 많이 찾아와 독서 공간이 아니라 공부 공간으로 쓰이고 있었다.

　건축가는 새로 지을 도서관이 공부하는 곳보다 책을 읽는 곳이 되길 바랐다. 칸막이로 책상을 잘게 쪼개 서로를 막고 자기 공부만 하는 도서관이 아니라 진정 책을 읽고 싶은 이들이 마음 편하게 찾아와 원 없이 책만 보다 돌아갈 수 있는 쉼터 같은 도서관으로 꾸미고 싶었다. 눈앞에 펼쳐지는 좋은 경치와 좋은 책을 함께 볼 수 있는 도서관, 모처럼 책을 보러 온 이용자들이 수험생들 때문에 줄 서 기다리거나 돌아가지 않아도 되는 도서관이 건축가가 꿈꾼 도서관이었다.

　건축가는 기부자인 아버지와 담당 공무원을 설득했다. 두 사람 모두 건축가의 뜻에 동의했고, 덕분에 새 도서관은 진정 책을 읽는 곳으로 만들어지게 된다. 최대한 밝고 따뜻한 도서관이 콘셉트였다. 바닥은 나무로 깔아 서재 같은 느낌으로 연출했고, 천장을 일반 건물보다 훨씬 높게 올려 답답하지 않고 시원한 공간이 펼쳐지도록 했다. 천장이 높아진 대신 열람 책상 하나하나에 스탠드를 달았다. 마치 집에서 책을 읽듯 편안하게 책을 읽을 수 있게 하려는 것이었다. 마치 자기 책상에 앉아 독서

좋은 경치와 좋은 책을 함께 볼 수 있는 구조

하는 듯한 도서관 인테리어는 이 도서관이 국내에선 처음이었다.

이진아 씨가 저 세상으로 간 지 꼭 1년이 되던 2004년 6월 2일, 도서관 공사가 시작됐다. 공사는 1년 넘게 이어졌고, 드디어 건물 완공을 앞둔 이듬해 2005년 가을, 한형우 씨는 고인에게 건축가로서 자신이 해줄 수 있는 것은 무엇인지 고민했다. 그리고 도서관 창 밖 화단에 둥굴레를 심기로 한다. 둥굴레는 예쁜 하얀 꽃이 유월에 핀다. 고 이진아 씨의 기일이 있는 달이다.

드디어 이진아 씨가 하늘에서 맞는 두 번째 생일날인 2005년 9월 15일, 이진아기념도서관이 문을 열었다. 고인이 뉴욕에서 아버지와 처음이자 마지막으로 찍었던 사진 속에서 환하게 웃던 얼굴이 도서관 로비에 프린트되어 방문객을 맞았다.

　개관식 날, 아버지와 건축가는 뜻밖의 선물을 받았다. 얼굴도 이름도 모르는 한 아주머니가 쪽지와 시디 한 장을 건넨 것이다. 경황이 없어 살펴보지 못하고 행사가 끝난 뒤 열어본 쪽지에는 '세진 엄마'란 이름으로 "우리 동네에 도서관이 생겨 너무 좋지만 그래도 진아 양이 살고 도서관이 없는 것이 더 좋았을 것"이라는 내용이 적혀 있었다. 그리고 함께 받은 시디에는 이 도서관의 터파기 작업부터 건물이 한 층 한 층 올라가고 외벽을 붙이고 완성되는 모습을 매일 똑같은 장소에서 1년여 동안 찍은 사진 84장이 들어 있었다.

　너무나 감동한 아버지는 세진 엄마가 누구인지 수소문했지만 아무런 단서가 없어 찾을 수가 없었다. 건축가 한형우 씨는 건축가답게 사진의 각도를 보고 도서관 바로 옆 아파트 어느 동쯤에서 찍은 것일지 추측해 그 앞으로 찾아가 무작정 세진 엄마를 기다렸다. 몇 시간 뒤 아이와 집으로 돌아오는 한 엄마가 보였다. 건축가는 조심스럽게 다가가 사진을 찍은 사람인지 물었다. 아이 엄마는 깜짝 놀라 고개를 끄덕였다.

　건축가는 이진아기념도서관이 소개된 건축잡지와 명함을 건네고, 자신이 도서관을 설계한 건축가인데 건축 과정을 찍은 사진이 너무 좋아 허락도 못 구하고 무단으로 쓴 것을 "용서해달라"고 말했다. 책을 받아 든 아이 엄마는 건축가에게 미소 지으며 "허락할게요"라고 답하고 아파트로 들어갔다.

세진 엄마가 찍은 도서관 사진

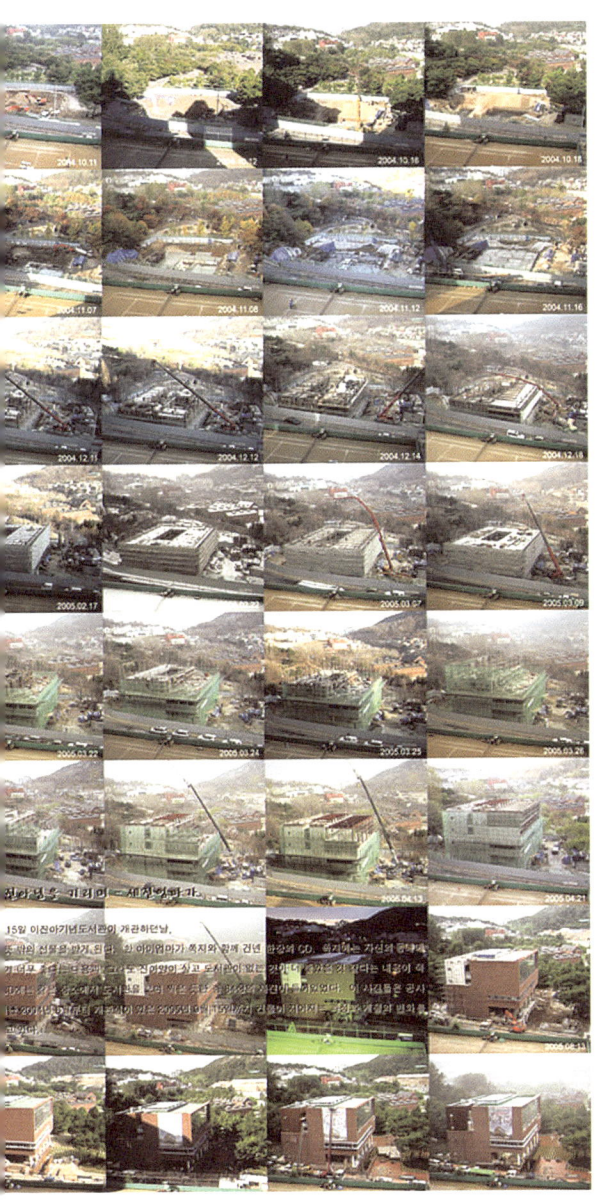

"우리 동네에 도서관이 생겨
너무 좋지만
그래도 진아 양이 살고
도서관이 없는 것이 더 좋았을 것"

- 세진 엄마의 메모에서

슬픔은 건물이 되었고, 건물은 기쁨이 되었다

며칠 뒤 건축가는 세진 엄마가 보낸 메일을 받았다. 자기 집 주변에 도서관이 들어선다는데 주민으로서 자신이 과연 뭘 할 수 있을까 생각하다 도서관이 지어지는 모습을 기록하자고 생각했고, 그래서 매일 베란다에서 사진을 찍었다는 설명이었다.

어느새 도서관이 지어진 지도 몇 년이 흘렀다. 아버지 이상철 씨는 딸이 생각날 때마다 이곳을 찾아온다. 그리고 자기가 바랐던 대로 휴지도 줍고 산책도 하며 하루를 보내다 돌아간다.

그가 겪은 슬픔은 건물이 되었고, 그 건물은 다른 이들에게 기쁨이 되고 있다. 이진아기념도서관은 국내 주요 건축상을 휩쓸었다. 이 도서관 이후 지은 전국 여러 도서관들이 이 도서관이 선보였던 시원한 내부 구조를 따라 지었다. 무엇보다도 이 건물을 사랑하는 사람들은 이용자다. 1층 모자실에선 아이와 함께 책을 읽으며 도서관에 얽힌 사연을 들려주는 엄마들이, 시원한 창가 자리는 책 읽는 재미에 푹 빠진 이들이 가득하다.

건축은 삶을 담는 그릇이다. 그래서 그 속에는 이야기가 담긴다. 이진아기념도서관은 누군가가 어떤 행위를 할 때 건축에는 이야기가 담기며, 그 이야기는 또 다른 사람에게 그가 할 수 있는 방법으로 또 다른 행위를 하도록 한다는 것을, 그래서 다시 새로운 이야기로 이어진다는 것을 가르쳐준다. 둥굴레꽃이 얼마나 아름다운지도. 세상에 아름다운 이야기가 담긴 건축만큼 아름다운 건축은 없다.

세상에 아름다운 이야기가 담긴
건축만큼 아름다운 건축은 없다

이진아기념도서관

이진아기념도서관에 숨어 있는

또 다른 이야기,

바로 붉은 벽돌

이진아기념도서관이 마주 보고 있는 서대문형무소는 우리나라 최초의 근대식 감옥이다. 나중 서울구치소가 된 이 형무소가 문을 연 것은 1907년. 81년 뒤인 1988년 서울구치소가 의왕시로 옮겨가기 전까지 이 감옥에 갇혔던 이는 35만 명에 이른다.

구한말 감옥인 전옥서가 뿌리인 서대문형무소는 일제 강점기 수많은 한국인들, 특히 일제에 저항한 독립투사들을 가두는 곳으로 쓰였다. 붉은 벽돌 건물 곳곳에 빼앗긴 나라를 되찾으려 했던 애국지사들의 눈물이 담겨 있다고 해도 과언이 아니다.

해방 이후에는 독립투사 대신 군사독재 정권에 저항했던 민주화 인사들이 이곳에 갇혀야 했다. 서대문형무소는 지금 우리가 누리는 평화와 안락함이 독립 투쟁과 민주화 투쟁의 산물임을 증언하는 역사적 현장이다. 그래서 사적 324호로 지정되었고, 이제는 슬픔의 시대를 후대들에게 전하는 역사

관으로 쓰인다.

한형우 건축가가 이진아기념도서관을 설계하며 이곳을 찾았을 때 그의 눈에 들어온 것은 도서관이 들어설 마당 자리에 있었던 퍼골라pergola였다. 퍼골라는 우리가 흔히 등나무 벤치라고 부르는 야외 간이 건축물이다. 공원이나 정원에 그늘을 만들기 위해 기둥 위에 지붕을 얹어 식물이 기둥과 지붕을 덮게 만드는 쉼터다.

독립공원 서대문형무소 뒤에 있던 이 퍼골라를 건축가가 주목하게 된 것은 지붕을 받치고 있는 8개 기둥이 붉은 벽돌이었기 때문이었다. 기둥 벽돌에는 '서울 경京'자가 선명하게 찍혀 있었다. 일제 강점기, 서울이 경성이었던 시절을 뜻해 경京자를 찍은 이 벽돌은 바로 서대문형무소를 지을 때 썼던 것들이었다.

서대문형무소가 역할을 다하고 역사관이 되어 독립공원으로 조성될 때 교도소 건물 일부가 헐린 적이 있었다. 이때 건물이 철거되면서 나온 벽돌들은 모두 수거되어 버려지게 됐다. 그런데 한 시민단체가 이의를 제기했다. 당시 서대문형무소에 투옥된 독립투사를 비롯한 수감자들이 사역을 하면서 만든 벽돌이므로 함부로 버려서는 안 된다고 지적한 것이다. 그래서 자칫 폐기물로 사라질 뻔했던 벽돌들이 되돌아올 수 있었다. 돌아온 헌 벽돌들은 역사공원 안의 매점 등의 시설을

형무소 건물 벽에서, 퍼골라로, 벽돌 벤치로, 다시 형무소 건물로 윤회한 벽돌

만드는 데 다시 쓰였다. 빨간 벽돌 기둥 퍼골라도 바로 이때 나온 벽돌로 지은 것이었다. 그러나 이후 공원 공간 구성이 바뀌면서 퍼골라는 한 구석에 방치됐고, 이진아기념도서관이 들어서게 되면서 헐릴 처지가 되어버렸다.

건축가는 독립투사들의 눈물과 땀이 담긴 이 벽돌 기둥을 살릴 방법을 고민해봤다. 줄자로 기둥의 폭을 재봤더니 기둥 두께는 44cm. 정확하게 의자 높이였다. 건축가는 기둥을 옆으로 뉘어 자르고, 그 위에 나무를 덧대 벤치를 만들었다.

이렇게 탄생한 빨간 벽돌 벤치는 역사가 담긴 땅의 흔적을 이어가려는 건축가의 의지로 만든 또 하나의 건축이었다. 이

특별한 벤치는 지금은 사라졌다. 문화재인 서대문형무소 건물을 보수하면서 이 벤치를 되가져가 재활용한 것이다. 잠시나마 벤치가 되었던 이 사연 많은 벽돌들은 제자리로 돌아가 다시 건물의 일부가 되었다. 벽돌도 윤회한 셈이다.

고난을 이겨낸 기쁨,
한국에만 있는 특별한 종교건축

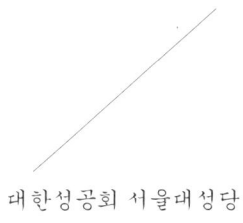

대한성공회 서울대성당

어떻게 하면 건축과 친해질 수 있을까?

아주 간단하다. 그냥 찾아가서 어슬렁거리면 된다. 건축이 다른 예술보다 쉽고 편하게 즐길 수 있는 장르인 이유는 구경하는 것만으로도 감상이 된다는 점이다. 문제는 어떤 건물부터 찾아가볼까 고르기 쉽지 않다는 것뿐. 그러나 알고 보면 건물을 고르는 것도 아주 쉽다. 우리가 가장 먼저 찾아가봐야 할 건물이 있다면 바로 종교건축물이다.

종교건축은 모든 건축 중에서 가장 역사가 오래된 분야이고, 가장 많은 노력과 돈을 들여 가장 정성껏 짓는 건축물이다. 종교건축의 목적 자체가 건물만 봐도 종교의 위대함과 가치를 절로 느낄 수 있도록 만드는 것이다. 그래서 종교건축은 가장 아름다운 건축 장르다.

서울은 온갖 종교건축물들이 모여 있는 보물상자다. 국내 주요 종교의 모든 본부가 서울에 있다. 모두 그 종교를 대표하는 간판스타 건물이다. 천주교에는 명동성당이 있고, 불교에는 조계사가 있고, 천도교에는 독립운동의 상징이 된 근사한 천도교중앙대교당이 있다. 개신교에는 따로 본부가 없지만 정동교회와 경동교회 같은 사랑스러운 건물들이 여럿이다.

이 국가대표급 종교건축물 중에서 무엇이 가장 아름다우냐를 따지는 것은 물론 의미가 없다. 각 종교가 추구하는 아름다움의 종류가 다르기 때문이다. 하지만 이 중에서 무엇부터 구경하면 좋을까 누가 묻는다면 우선 권하고 싶은 건물이 있다. 서울 시내 중심가에 있어 가보기에도 편하고, 소박하면서도 아름다워 건축과 친해지고자 할 때 첫 번째 친구 삼기에 제격인 건물이다. 바로 서울 정동 덕수궁 돌담길 옆에 붙어 있는 대한성공회 서울대성당이다. 세계 역사가 요동치던 근현대기, 지구 반대편 영국에서 찾아온 성공회가 지은 성당으로, '한국에서 가장 아름다운 종교건축'으로 꼽히는 곳이다.

대한성공회 서울대성당은 서울 한복판에 자리 잡고 있지만 의외로 이 성당을 찾아가본 이는 아직도 많지 않다. 찾아가도 겉모습 못지않게 아름다운 내부를 보지 않고 돌아오는 이들이 많다. 아마도 그건 이 성당이 큰길가에 있지 않고 한 발짝 뒤로 물러서 큰길 뒤편에 있기 때문일 것이다.

뾰족하지 않은 교회

하지만 이렇게 뒷골목에 있기에 이 성당은 오히려 더 포근하고 정겹다.

왜 이 성당은 정겨울까? 처음부터 건물을 화려하고 장중하게 지어 보는 이들을 압도하려 하지 않고 부드럽고 친근하게 다가가려 했기 때문이다. 이 말을 건축용어로 바꾸면 '고딕 대신 로마네스크 양식을 채택했다'고 할 수 있다. 더 쉽게 설명하자면 '뾰족하지 않은 교회로 지었다'는 뜻이다.

우리는 뾰족탑이 없는 성당이나 교회도 있다는 것을 종종 잊는다. 우리나라에 있는 기독교 건물이 거의 대부분 뾰족하게 솟아 있는 탓이다. 이렇게 높게 치솟는 건물이 바로 '고딕'이다. 서양에서 탄생한 고딕 양식이 한없이 하늘을 찔러대듯 높게 우뚝 선 것은 저 높은 곳을 향하려는 자연스러운 종교적 의지의 표현이었다. 저 높은 하늘 위에 있는 신을 향해 조금이라도 더 가까이 다가가려는 생각이었을 수도 있고, 생명의 상징인 거대한 나무를 건물로 구현하려는 것이었을 수도 있다. 고딕 성당 내부의 가늘고 긴 기둥들은 지붕과 만나는 부분에서 나뭇가지처럼 넓게 퍼진다. 그 모습은 마치 아름드리나무가 하늘을 가리듯 솟아 있는 숲속을 연상시킨다. 그리고 도시 한가운데 홀로 우뚝 솟아 사방을 굽어보는 고딕 성당은 그 자체로 그 도시의 상징이었다. 종교의 시대, 유럽에서 성당은 가장 중요했고 그래서 가장 높아야 했다.

 이런 이유로 고딕은 인간이 얼마나 대단한 존재인지 보여주는 건축이 됐다. 현대에 들어서면서 온갖 첨단 기술로 100층이 넘는 빌딩을 짓기 전까지 인간이 지었던 가장 높은 건물이 고딕 성당들이었다. 고딕 성당은 지난 1000년 동안 가장 놀라운 건물이었고, 1000년 넘게 랜드마크이자 초고층 빌딩으로 존재해왔다. 현대 이전 세계에서 가장 높았던 건물은 독일 울름에 있는 대성당이었다. 높이는 161미터. 인류 최고의 불가사의 건축물로 꼽히는 이집트 피라미드 중 가장 크고 높은 쿠푸왕의 피라미드(147미터)보다 더 높다. 또 다른 고딕 성당의 간판스타 독일 쾰른대성당도 높이가 152미터에 이른다. 이 엄청난 성당은 1248년 짓기 시작해 무려 600년에 걸쳐 지어졌다. 울름대성당도 완공까지 500년이 걸렸

161미터의 울름대성당

152미터의 쾰른대성당

다. 서양 고딕 성당들은 실로 오랫동안 온갖 정성으로 지었다는 점에서 피라미드 못지않은 집념의 산물이자 기적의 건물이다.

고딕은 다른 동력과 기계가 없었던 시대, 오로지 인간의 힘만으로 지었던 극한의 건축이다. 그러나 바로 그렇기 때문에 비인간적인 느낌을 주기도 한다. 인간의 한계를 넘어서려는 건물, 감탄을 자아내기 위한 건물이었기에 어찌 보면 당연한 노릇이기도 했다.

이 압도적인 고딕 건축처럼 높지도 딱딱하지도 압도적이지도 않은 건축, 그래서 보다 인간적이고 아담하게 다가오는 건축 양식이 로마네스크다. 그렇다고 로마네스크가 웅장하지 않다는 것은 결코 아니다. 우리에게 너무나 친숙한 피사의 사탑이 있는 피사대성당이 이 로마네스크

벽돌로 지어 절로 친숙함과 편함이 느껴진다

건축의 대표작이다. 로마네스크는 고딕보다 얌전하면서 알맞게 웅장하다. 고딕같이 위압적이지 않고 포근하게 감싸오는 웅장함이 매력이다.

  이 로마네스크 건축을 서울에서 만나볼 수 있는 곳이 성공회 서울대성당이다. 이 건물이 명동성당보다 포근하고 귀여운 이유가 여기에 있다.

  그리고 이 귀여운 건물이 더욱 만만하고 정겹게 다가오는 데에는 또 다른 이유가 하나 더 있다. 벽돌로 지었기 때문이다. 벽돌 건물은 작은 벽돌을 수도 없이 쌓아 만든다. 그래서 손으로 만든 느낌이 다른 건물보다 훨씬 생생하다. 성공회 서울대성당은 아주 높지 않은 벽돌 건물인 데다 로마네스크 양식이다. 더 중요한 것은 '한국화된 로마네스크'란 점이다. 한국으로 건너와 한국 문화와 어울리고자 한 로마네스크 건물이기 때문에 우리는 이 건물을 처음 보더라도 절로 친숙함과 편안함을 느끼게 된다.

서양식 빨강 기와와 한옥 기와의 절묘한 만남

이 건물에 가보면 벽돌 성당과 바로 옆 한옥 건물들이 아주 자연스럽게 조화를 이룬다. 그건 성당 건물이 위압적이지 않아서만은 아니다. 한옥과 로마네스크, 전혀 달라 보이는 두 양식이 어색하지 않게 공존하는 비밀은 이 성당의 '지붕'에 있다.

성공회 성당의 지붕을 보면 윗부분은 서양식 빨강 기와들이다. 그러나 아래쪽에서 올려다볼 때 먼저 눈에 들어오는 낮은 지붕들은 한국 전통 기와를 얹었다. 그리고 중간 벽에 반쪽만 나온 지붕들은 정자 건물들에서 쉽게 볼 수 있는 모임지붕이다. 한 건물에 동서양 지붕과 기와가 공존하는 것이다. 이런 특성 때문에 바로 옆 한옥들과 자연스럽게 조화를 이루고 있다.

지붕뿐만이 아니다. 자세히 보면 지붕 아래 돌 장식들도 모두 한국식

친근한 느낌의 한옥 지붕과 한국식 처마 디자인

처마 디자인이다. 이 성당이 서양 로마네스크식 건물이면서도 이질감 없이 서울의 풍경 속으로 녹아든 이유는 이렇게 구석구석 한식과 로마네스크식을 섞은 융합 디자인을 적용한 데에 있다.

지금이야 이 건물 주변에 한옥 몇 채가 있을 뿐이지만 덕수궁의 건물들을 비롯해 주변이 온통 한옥이었을 20세기 초반, 서울에 들어서는 외국 종교 건물이 이렇게 현지 건축과 조화를 이루고자 고민하고 실천한 점은 실로 놀라운 건축 철학이라고 할 수 있다. 그래서 성공회 서울대성당은 서울의 다른 수많은 당시 서양식 건물들과 달리 한옥과 서양 성당, 전통 건축과 현대 건축이 매끄럽게 어울리는 독특한 풍경을 만들어냈다.

그러나 이 건물이 진정 아름다운 이유는 형태와 디자인에만 있지 않다. 다른 건물에는 없는 아름다운 이야기가 깃들어 있기에 더 아름답다.

한국 건축사에 길이 남을 그 이야기는 성당 안으로 들어가면 비로소 만날 수 있다.

  모든 건물이 그렇지만, 특히 성당은 반드시 내부를 구경해야 하는 건축물이다. 성당에 가서 외부만 보고 온다면 소개팅을 하러 가서 얼굴만 보고 대화는 하지 않고 돌아오는 것이나 마찬가지다. 성당은 안에 들어가 보라고 만든 건물이기 때문이다.

  성당은 '빛의 예술'을 추구하는 건물이다. 빛이 만들어내는 예술은 당연히 성당 안에서 이뤄지고, 그래서 성당은 겉보다 안이 더 중요하다. 성당 안에서 빛의 예술을 연출하려 한 것은 아름다운 분위기를 통해 신앙심을 더욱 고취시키기 위해서였다. 그래서 발달한 것이 '스테인드글라스'다. 한없이 높고 어둡고 컴컴한 성당 안에서 오로지 빛나는 것은 온갖 빛깔이 아롱지는 화려한 스테인드글라스 창문뿐. 앞이 안 보이는 어두운 현실에 지친 대중들에게 성당 안에 펼쳐지는 스테인드글라스 유리창의 빛예술은 진리와 궁극으로 이끌어가는 신을 상징한다. 건물 외부에는 성경 속 여러 이야기를 보여주는 조각들이 새겨져 있고, 건물 내부에는 유리창에서 신의 이야기가 찬란하게 빛나는 성당은 그 자체가 곧 성경책 역할을 했다.

  그러면 성공회 서울대성당의 내부는 어떨까.
  결코 화려하지 않다. 대신 단아하다. 하얀 벽과 갈색 나무 구조가 단순

은은한 보랏빛 속에 반짝이는 황금 모자이크

단아하고 단순한 느낌의 성당 내부

하고 깔끔하게 대비를 이룬다. 그 아늑한 분위기를 따라 입구에서 제단 쪽으로 걸어가면 맨 끝 성소 부분에선 스테인드글라스가 빛으로 하이라이트를 만들어낸다. 그 빛은 아담한 외관처럼 화려하기보다 은은하다. 하얀 벽이 보랏빛으로 물든 속에서 황금 모자이크가 반짝거린다. 공간은 크지 않아도 많은 표정들이 다양하게 들어 있다.

눈을 위로 돌리면 샹들리에가 보인다. 샹들리에도 웅장하지 않고 귀엽다. 다음으로 눈에 들어오는 것은 작은 아치가 앙증맞은 전형적인 서양식 창문. 외국 스타일인데도 어딘가 정겹다. 그 이유는 역시 디자인에 숨어 있다. 창살 모양이 서양식이 아니라 한옥의 전통 창호 디자인이다. 한옥 창호에서 가장 많이 쓰이는 세살창호다. 파란 눈의 건축가는 한국에서 가장 쉽게 볼 수 있었던 디자인을 성당 창문에 가져다 썼다.

귀여운 샹들리에와 한옥 창호로 꾸민 창문   오방색으로 구성된 스테인드글라스

그뿐만 아니다. 스테인드글라스도 뜯어보면 한국의 전통색인 '오방색' (음양오행설에 따라 다섯 방향을 나타내는 노랑, 파랑, 하양, 빨강, 까망 다섯가지 한국 전통색) 을 기본으로 구성했다. 성공회 서울대성당에 들어서는 순간 한국인이라면 누구나 낯선 서양 종교 건축물에서 친숙한 아늑함을 느낄 수 있는 것은 이렇게 구석구석 고심한 서양 건축가의 세심한 안목과 마음씨 덕분이다. 이렇게 차분하게 사람을 배려하는 건축, 튀기보다 힘께 어울리려는 건축은 실로 드물다.

성당 안에서 또 한 곳 반드시 들러볼 곳이 있다. 성당 지하에 있는 '지하성당'이다.

성당에는 원래 대부분 지하 공간이 마련되어 있다. 한국의 오래된 성당들도 마찬가지다. 성공회 서울대성당뿐만 아니라 서울 명동성당에도 지하 공간이 있다. 성공회 성당의 지하성당은 규모는 작지만 그렇기 때문에 느낌이 새롭고 신선한 곳이다.

지하성당은 1층 성당을 그대로 축소한 미니어처와도 같다. 이렇게 귀여운 성당이 또 있을까? 지하에 판 굴 모양이어서 석굴암처럼 정밀_{靜謐}한 분위기로 방문객을 감싸 안는다. 좁은 공간에 어울리도록 조그맣게 만든 파이프오르간만 봐도 절로 즐거워진다.

이곳에서 시선이 저절로 향하게 되는 곳은 바닥이다. 공들여 새긴 금속판 하나가 바닥에서 홀로 빛나고 있다. 그냥 보기만 해도 누군가를 기념하는 장식물임을 알 수 있다. 성공회 성직자 모습을 새긴 이 직사각형 금속판은 그 모양이 관을 연상시킨다.

실제 이 금속판은 관이다. 저 판 밑에 잠든 이는 바로 판에 새긴 마크 트롤로프 대한성공회 3대 주교다.

금속판 속 트롤로프 주교는 오른손 위에 성당 건물을 들고 있다. 말할 필요도 없이 이 아름다운 서울대성당이다. 성당은 그의 작품이자 분신이었다. 그는 자기가 직접 만들었고 가장 사랑했던 성당 지하에 성당을 든 모습으로 그림 속에 들어가 묻혔다.

한국 땅에 영국 종교인 성공회를 처음 전파한 사람은 초대 존 코프 주교였다. 존 코프 주교의 한국 이름은 '고요한'이었다. 존은 성경 속 요한의 영어 발음이니 이름을 요한으로 정했고, 성인 코프에서 비슷한 한국

아담하고 정밀한 분위기의 지하성당

조그마한 파이프오르간

공들여 새긴 금속판, 바로 관이다

편안하게 꾸민 성소

발음을 따 고 씨를 붙였다. 일제강점기 한국에 와서 일제의 만행을 외국에 알렸고, 한국에 귀화했던 캐나다 의사 프랭크 스코필드(1889~1970)가 한국인 이름을 '석호필'로 지었던 것과 비슷하다. 이 고요한 주교는 1891년 지금의 덕수궁 옆 정동 영국대사관 부근에 한옥을 한 채 사서 성공회 선교를 시작했다.

그로부터 20여년 뒤 성공회는 한국 땅에 어느 정도 정착했고, 드디어 1914년 한국 본부 성당을 짓기 시작했다. 그러나 그 과정은 실로 지독하게 어렵고 고생스러웠다.

서울 새 성당을 짓는 지휘자는 트롤로프 주교였다. 너무나도 꼼꼼한 성격이었던 주교는 어느 것 하나 빠뜨리지 않고 찬찬히 살피고 고민했다. 새 성당이 진정 한국 땅과 하나가 되길 바랐기 때문이었다. 그래서 돌다리도 두드려가며 모든 부분에서 최선을 추구했다. 가장 중요한 건축가 선정부터 당시 본토 영국에서 가장 뛰어난 종교건축 전문가 중 한 명으로 꼽히던 아서 딕슨을 초빙했다.

주교는 건축가 아서 딕슨에게 먼저 편지를 썼다. 왜 새 성당이 중요한지, 한국 땅에 짓는 성당이니 어떻게 지으면 좋을지 구구절절 적어 보냈다. 그가 보낸 편지를 보면 외국에서 온 종교건축물이 그 나라의 문화와 조화를 이루며 공존해야 한다는 주교의 철학에 절로 감탄하게 된다. 성공회가 한국 땅에 뿌리박으려면 토착 문화와 어울려야 하며, 성당을 지을 때도 그런 점이 중요하다고 그는 편지에 분명하게 밝혔다.

그래서 아서 딕슨이 한국으로 오게 됐다. 영국을 떠나 인천 제물포까지 배로 오는 데 걸린 시간만 석 달. 그렇게 먼 곳까지 오라고 불러댄 주교도, 찾아온 건축가도 모두 지독한 이들이었다.

조선에 도착한 딕슨은 자신의 작품이 들어설 한양, 그리고 그 안에서 정동이란 공간의 특성과 조선의 건축문화부터 살폈다. 높은 산과 물길이 어우러지는 자연환경과 조화를 이루는 한옥이란 건축이 그의 눈에 들어왔다. 그는 당시 정동의 스카이라인과 어우러지는 성당이 되려면 뾰족하게 홀로 치솟아 존재감을 뽐내는 고딕은 안 된다는 결론을 내렸다. 아담하고 포근한 로마네스크 양식이 채택된 것은 아서 딕슨이 깊이 고민한 결과였다. 조선의 전통문화와 어울리는 성당을 바란 주교의 철학, 그리고 건축가의 이해심은 한국식 기와지붕과 전통 창호 디자인의 창문이 되어 건물 속에 담겼다.

성당이 준공된 것은 1926년, 트롤로프 주교가 처음으로 구상을 한 지 10년이 넘게 지난 뒤였다.

그러나 아쉽게도 진정한 완공은 아니었다. 자금 문제로 원래 십자가 모양으로 설계한 건물은 양쪽 날개 부분을 짓지 못한 채 우선 일자 모양으로 지어 문을 열었다. 비록 미완성이었지만 성당은 그럼에도 충분히 아름다웠고 주변 한옥들과 잘 어울리며 서울의 새로운 명물로 사랑받을 수 있었다. 오랜 세월 공을 들인 덕분이었다.

6월 민주항쟁의 도화선임을 알리는 표지석

그리고 다시 세월이 흘렀다. 그 사이 한국전쟁이 벌어져 성당은 총탄 세례를 받기도 했고, 그 와중에 성직자와 신자가 목숨을 잃는 비극도 겪었다. 지금까지 그 총탄 흔적이 건물 곳곳에 남아 있다.

군사독재 시절에는 이곳에서 민주화를 외쳤던 성직자들이 끌려가기도 했다. 한국을 민주화시킨 분수령이었던 1987년 6월 항쟁의 도화선이 된 군부독재 타도와 민주화를 위한 범국민대회가 열린 곳이 바로 이 성당이었다. 80년 역사 속에서 이제 성공회 서울대성당은 성공회 신자들만의 성소가 아니라 한국 전체의 역사적 장소로 자리 잡았다.

1996년, 이 성당에 중요한 전환점이 찾아왔다. 미완성이었던 건물이 70년 만에 원래 설계대로 완성된 것이다. 그 과정 역시 기적이라면 기적이었다.

  대한성공회는 1991년 창립 100주년을 맞아 애초 설계대로 다 짓지 못한 성당을 완공하기로 한다. 그러나 아무리 찾아도 아서 딕슨이 직접 그렸던 원안 설계도면은 찾을 수가 없었다. 찾다 포기한 성공회 쪽은 결국 새로운 건축으로 증축해 완공하기로 하고, 건축가 김원 씨에게 설계를 맡겼다.

  김원 건축가는 한국 건축의 1세대 최고 스타였던 김수근의 제자로, 김수근 이후 2세대 건축가의 대표 격인 중진이다. 명동성당 부근의 여러 부속 건물과 많은 종교건축물을 설계한 경험을 바탕으로, 아름다운 벽돌 건물인 성공회 성당에 현대 하이테크 건물을 덧붙여 서로 다른 건물이 대비되면서 조화를 이루는 디자인을 했다. 철과 유리로 지은 현대적인 건물이 벽돌로 지은 고전적인 성공회 서울대성당과 한 몸이 되는 구상이었다.

  이 설계를 완성하면서도 김원 씨는 한편으로 아서 딕슨의 원 설계도를 다시 한 번 찾아 나섰다. 혹시라도 설계도를 찾을 수 있지 않을까라는 생각에서였다. 그는 영국에 있는 지인을 통해 아서 딕슨의 고향에 가서 설계도를 찾아달라고 부탁했다.

  그런데 놀랍게도 원 설계도가 남아 있는 것이 발견됐다. 놀라운 소식에 반가우면서도 건축가로서 그는 고민에 빠진다. 성당의 옛 디자인과 자신의 현대적 디자인을 합치는 주목할 만한 시도를 버린다는 것은 설계자로서는 너무나 아쉽고 아까운 일이었던 탓이다.

하지만 김원 건축가는 결단을 내렸다. 100여 년 전 아서 딕슨의 뜻을 따르는 것이 더 의미 있다고 판단한 것이다. 사라졌던 설계도가 다시 발견된 것은 이 성당이 그런 운명을 지녔던 것으로 받아들였다. 자기 디자인을 포기한 그는 100년 전 영국의 선배 건축가의 뒤를 이어 성당 증축 공사를 맡았다.

성당을 짓는 과정이 어려웠듯 증축도 난관의 연속이었다. 100년 전 건물을 지을 때 썼던 재료들은 이제 구할 길이 없었다. 성당에 썼던 강화도 화강암을 다시 구하기 어려워 여러 재료들을 수소문해 가장 비슷한 중국 칭다오에 나는 화강암을 찾아다 썼다.

벽돌을 구하는 것은 더욱 어려웠다. 비슷한 붉은색 흙을 찾아 헤맨 끝에 경기도 화성에서 흡사한 흙을 구할 수 있었다. 기와는 당시 기와를 만들던 과정과 가장 가까운 재래식 화로에서 구워 마련했다.

이런 여러 과정을 힘들게 거친 끝에 성당은 설계대로 양쪽에 새 건물이 더해져 십자가 모양으로 완성됐다. 꼼꼼한 노력으로 증축한 덕분에 원래 부분과 새로 증축한 부분 사이에는 70년 세월이 존재하지만 어디가 증축한 부분인지 구별이 어려울 정도로 말끔했다. 지극한 정성이 자연스러움으로 보답받은 것이다. 그리고 성당 증축 공사를 담당했던 책임자는 완공 이후 성공회 신자가 된다.

이처럼 지극한 정성과 배려로 지은 성공회 서울대성당은 지금 현대 건축이 잃어버린 많은 것들을 생각하게 만든다. 작고 아담해 보이지만 이 성당을 만드는 데 들어간 고민은 100년에 이르고, 실로 다양했다. 건축 하나를 위해 이역만리로 성당을 지으러 떠난 영국 건축가, 그리고 그 건축가의 뜻을 이어 따른 한국 건축가는 운명으로 이어져 한국 땅에 보석 같은 건물을 남기고 완성했다.

그래서 성공회 서울대성당은 진정한 기쁨의 건축이다. 믿음 하나로 외국에서 일군 신앙을 기리고, 새로운 정착지의 문화를 받아들여 오래오래 자기 종교가 이어지길 바라는 소망을 모아 기다리고 기다린 끝에 완성시킨 결정체. 그럼에도 결코 환호성을 지르지는 않는다. 너무나 소중한 꿈이 이뤄졌기에 빙그레 미소 지으며 마음속으로 기뻐하는 건물이다.

만약 당신이 이 건물에서 아름다우면서도 묘한 느낌을 받았다면, 그건 수많은 이야기가 깃들어 역사가 된 장소에서만 나오는 특별한 상념의 주파수에 당신의 마음이 반응했기 때문일 것이다.

여러 꿈이 모이고 모여
보석 같은 건물이 탄생했다

대한성공회 서울대성당

외국 종교가

한국과 건축으로

만나는 방법

성공회 서울대성당은 종교가 전해지면서 서로 다른 문화가 만나고 그 속에서 건축이 어떤 역할을 하는지 생각해보게 한다.

조선에 가장 먼저 들어온 서양 종교였던 천주교는 서양 그대로의 고딕 양식인 명동성당을 지었다. 높고 웅장한 명동성당은 천주교의 선교 의지와 박해 속에서 목숨을 잃은 순교자들의 신념을 강렬한 건물로 보여주려는 것이었다. 물론 한옥을 접목한 성공회 서울대성당은 옳고, 높게 치솟은 명동성당이 나쁜 것은 결코 아니다. 오랜 고딕 건축 전통을 지닌 가톨릭이 정통 고딕 성당을 지은 것은 너무나 당연한 것이기도 했다.

성공회가 명동성당과 전혀 다른 건축을 선택했던 것은 '철저한 현지화' 철학 때문이었다. 성공회 최초의 한국 성당은 지금 서울대성당 자리에 있었던 한옥을 그대로 성당으로 쓴 '강림성당'이었다. 이후 새로 지은 초기 성당들은 한옥 형식을 그대로 따라 지은 건물이었다.

십자가가 없으면 절로 착각할 강화성당

트롤로프 주교가 1900년 한국 최초의 성공회 성당 건물로 지은 강화성당은 성공회의 건축 철학을 잘 보여준다. 현존하는 한옥 교회 건물로 가장 오래된 이 성당은 한옥 건물이면서 불교의 사찰 양식과 서양의 바실리카 양식이 합쳐진 실로 특별한 건축이다. 지붕 위에 세운 십자가가 없으면 마치 절처럼 보일 정도다. 안에는 한국 문화를 적절하게 수용한 장면이 펼쳐진다. 내부 기둥에 성경 구절을 적어놓았는데, 이는 한옥 나무 기둥에 계절에 맞는 시나 교육적 의미가 담긴 시를 써서 붙이는 우리나라 '주련' 문화를 적용한 것이다.

성공회는 이렇게 맨 처음에는 한옥을 성당으로 썼고 그 다음에는 한옥을 개량한 초기 성당을 지었다. 그 다음에야 로마네스크 성당에 한옥의 유전자를 담아 서울대성당을 남겼다.

영화《약속》으로 유명한 전동성당

　　고딕을 내세운 가톨릭 역시 아름다운 건물들을 이 땅에 세웠다. 가톨릭의 1세대 대표 성당인 명동성당 이외의 성당으로는 전주에 있는 전동성당이 유명하다. 영화《약속》에서 의사인 여주인공 전도연이 깡패 박신양과 몰래 결혼식을 올린 곳이 이 성당이다. 많은 건축 전문가들이 '한국에서 가장 아름다운 성당'으로 꼽는 전주의 명물이다.

　　명동성당보다 꼭 10년 뒤인 1908년에 지어 100살이 넘은 이 성당은 겉모습부터 다른 성당과 모습이 달라 보인다. 아래 부분은 전형적인 고딕양식인데, 윗부분 탑은 뾰족하지 않고 동그랗게 생겼다. 건축적 표현으로 설명하면 '로마네스크 주조에 비잔틴 풍을 가미한 양식'이라 할 수 있다.

　명동성당은 정통 고딕양식을 유지했지만 천주교 역시 초기 성당을 지을 때 한국의 전통 건축 양식을 받아들였다. 전북 익산에 1906년 지어진 천주교 나바위성당은 서양식 건축이 한국 전통 건축과 만나 하나로 합쳐진 아름답고 묘한 건물이다.

　이 성당은 앞면은 고딕 성당 스타일이지만 건물 뒷부분과 내부는 사실상 한옥이다. 벽돌로 쌓은 서양식 고딕 건물에 한옥의 기와지붕을 올렸고, 내부에도 한옥 특유의 나무 구조를 그대로 썼다. 건물 몸체를 이루는 기와 처마 벽돌 건축 부분은 20세기 초 서양 문화가 들어오면서 한옥이 개량되어 등장했던 2층 한옥 상가 건물을 연상시키기도 한다.

어린이대공원 꿈마루

2010년 봄, 건축가 조성룡 성균관대 석좌초빙교수는 어느 날 뜻밖의 전화를 받는다. 전화를 건 이는 최광빈 당시 서울시 국장이었다.

최 국장은 조성룡 교수에게 어린이대공원 관리사무소로 쓰던 일명 '교양관' 건물을 새로 지으려고 원래 건물 도면을 보는데 궁금한 점이 발견되었다며 한 번 보아줄 수 있느냐고 부탁했다. 도면을 받아본 조 교수는 깜짝 놀랐다. 건물 도면에는 전혀 예상 못한 디자인이 숨어 있었기 때문이었다.

어린이대공원 교양관 건물은 원래 공원 사무실이었는데 건물이 너무

커서 남는 공간을 어린이용 각종 방학 특별전을 여는 곳으로 쓰던 곳이었다. 용도가 바뀌면서 건물 표면에 그때 그때 외피를 덕지덕지 덧붙여 원래 건물이 어떤 모습인지 짐작조차 어려울 정도로 변형되어 있었다.

그런데 도면 속 처음 지어질 때의 교양관 건물은 거대한 콘크리트 판이 수평으로 길게 뻗고, 웅장한 기둥들이 떠받치는 모습이었다. 구조가 곧 디자인이 되는 강렬하고 경쾌한 건축이었다.

건물의 예사롭지 않은 설계에 주목한 조 교수가 자세히 알아보니 역시나 보통 건물이 아니었다. 1970년대까지 한국 건축을 대표했던 건축가 고 나상진(1923~1973)의 작품이었다. 건물 디자인은 나상진의 대표작으로 꼽을 정도로 훌륭했다. 그리고 또 다른 역사적 의미가 담겨 있었다. 교양관 건물은 원래 우리나라 최초의 본격적인 골프장 클럽하우스 전용 건물이었다.

도대체 왜 어린이대공원 한가운데에 골프장 건물이 있었던 것일까?

그것은 어린이대공원 땅의 역사 때문이었다. 지금 어린이대공원 터는 원래 골프장이었다. 그리고 그 이전에는 조선 왕실의 묘였다. 정확히는 대한제국의 마지막 황제였던 순종의 부인인 순명황후의 능이 있던 곳이었다.

이 능이 일제 강점기 때 경성골프장으로 바뀐다. 황후의 능이 골프장이 된다는 것은 어처구니없는 일이지만 나라를 빼앗긴 상황에선 어쩔 수 없는 일이었다. 당시 이곳에서 골프를 쳤던 이들은 당연히 돈많은 세

어린이대공원 한가운데 지어진 골프장 클럽하우스 건물?

도가늘이었다. 그중에는 고종의 일곱 번째 아들로 마지막 황태자였던 영친왕도 있었다.

경성골프장은 해방 이후 이름이 서울컨트리클럽으로 바뀌었고, 한국에서 가장 좋은 골프장으로 인기가 대단했다. 서울 시내에 있어 그 어떤 골프장보다도 가깝고 편리했으니 당연한 일이기도 했다.

그러던 어느 날, 황후릉이 별안간 골프장으로 바뀌었던 것처럼 이번에는 골프장이 하루아침에 어린이대공원으로 바뀌게 된다. 정확한 문서 기록은 없지만 당시 관계자들의 증언에 따르면 박정희 대통령의 한마디 때문이었다고 한다.

당시 국정 운영의 모든 것을 경제 개발에 걸었던 박정희 대통령은 종종 워커힐 호텔에 찾아가 비밀리에 쉬곤 했다. 청와대에서 워커힐로 가는 길은 사라진 청계천 삼일고가도로였는데, 1970년 12월 박정희 대통령이 워커힐로 가다가 옆에 있는 골프장을 보곤 크게 노했다고 한다. 조국 재건의 기치 아래 모두가 일하기에 바쁜데 평일 대낮에 한가하게 골프를 치는 작자들은 누구냐고 호통을 쳤다고 한다. 대통령은 당장 골프장을 없애고 어린이들을 위한 공원을 만들라는 지시를 내렸다고 한다. 박정희 대통령은 자기 말에 반대하는 이들에겐 피도 눈물도 없이 잔혹하게 핍박했던 독재자였고, 그의 말은 곧 법이나 다름없었던 시절이었다.

대통령의 엄명에 따라 서울시는 부랴부랴 공원화 작업에 착수했다. 모든 것을 '빨리빨리' 군사작전 벌이듯 추진하는 한국 특유의 행정을 가장 잘 보여주는 사례가 바로 어린이대공원이기도 했다.

박 대통령이 골프장을 옮기라고 지시한 지 2년도 채 지나지 않은 1972년 10월 말 골프장 이전 작업이 마무리됐고, 어린이대공원은 이듬해인 1973년 1월 하순에 공사를 시작해 겨우 석 달여 만인 그해 5월 5일 어린이날 문을 열었다. 22만 평 가까이 되는 드넓은 골프장이 그야말로 순식간에 공원으로 변한 것이었다.

서울시는 '100일 작전'이란 이름까지 붙여가며 공원 만들기 작업을 강행해 실제 넉 달도 안 되어 공사를 마쳤다. 지금 같으면 부실 논란에 엄두도 못 낼 일이겠지만 1970년대였기에 가능한 일이었다. 당시 서울시가 얼마나 이 지시를 충실히 따르며 어린이대공원을 중요 사안으로 추진했는지 보여주는 것이 버스 노선 개편이었다. 어린이대공원 개관에 맞춰 서울 시내버스 노선을 바꿨는데, 시내 어디에서나 버스를 한 번만 갈아타면 어린이대공원에 갈 수 있게 정비했다. 이명박 서울시장이 서울시내버스 체계를 바꾸기 전까지 서울 버스 중 500번대 번호 버스들은 모두 어린이대공원을 지나가는 노선이었다.

 어린이대공원 교양관은 이렇게 갑작스럽게 골프장이 대공원으로 바뀌는 과정에서 쓰임새가 바뀐 건물이었다. 이 건물이 골프장 클럽하우스로 지어진 것은 어린이대공원 개장 불과 1년여 전이었다. 우리나라 최초의 골프장 클럽하우스 전용 건물이었지만 짓자마자 골프장이 사라지면서 건물은 2년 만에 어린이대공원 관리사무소로, 그리고 교양관으로 쓰이게 됐다.

 서울시는 40년 가까이 된 데다 근무 직원 수에 견줘 너무 규모가 큰 이 건물을 헐고 작고 아담한 새 사무실 건물을 짓기로 했다. 새 건물 설계 의뢰도 마친 상태였다. 그러던 중 도면을 보게 된 최 국장이 어딘가 이상해서 개인적으로 조 교수에게 자문을 부탁했던 것이다.

 이 건물의 역사를 알게 된 조성룡 교수는 곧바로 최 국장에게 그 사실을 알렸다. 그리고 건물이 문화적으로 보존가치가 있으니 헐지 말고 살리자고 제안했다.

 이미 신축 결정을 내린 뒤였기에 서울시 쪽으로선 고민하지 않을 수 없었다. 그러나 그런 유래가 있는 건물임을 알게 된 이상 계획이 잡혔다고 헐어버릴 수는 없었다. 관계자 회의를 거쳐 서울시는 어려운 결정을

전화 한 통으로 건물의 운명이 뒤바뀌었다

다시 내린다. 건물을 부수지 않고 원형을 되살리기로 했다. 조성룡 교수의 제안을 받아들인 것이었다. 원래 모습대로 건물을 손봐 관리사무소로 쓰는 한편 남는 공간은 문화 시설로 쓰는 계획이 세워졌다. 최 국장의 전화 한 통 덕분에 소리 없이 사라질 뻔했던 교양관은 되살아나게 되었다.

기존 새 건물 건축팀에 중진 조성룡 교수와 소장 건축가 최춘웅 고려대 교수가 콤비를 이뤄 합류하면서 건물 복원이 시작됐다. 선배 건축가가 40년 전 만든 건물이 후배들의 손에 의해 재발견, 재건축, 재탄생하게 된 것이다.

두 건축가 교수 팀이 제안한 기본 개념은 '걷어내기'였다. 기존 건물의 뼈대 자체가 튼튼하고 디자인적으로도 우수한 만큼 나중에 건물에 덧씌

건물의 원형이 잘 보존된 내부와 외부 구조

운 부분들을 모두 걷어내 원형을 보여주자는 것이었다. 조성룡 교수는 한강변의 못쓰게 된 수도시설을 부숴버리지 않고 오히려 활용해 서울의 명물인 '선유도공원'으로 만들어낸 바 있다.

건물을 뒤덮고 있던 잡다한 껍데기들을 걷어내자 건물의 진면목이 나타났다. 덧댄 것들을 걷어낼수록 건물은 아름다워졌다. 거대한 콘크리트 기둥과 판이 만들어내는 공간감은 40여 년 전 것이었어도 여전히 묵직하고 정제된 매력을 지니고 있었다.

그러나 뼈대만으로 건물을 쓸 수는 없는 일이었다. 콘크리트 기둥 뼈대들이 수직과 수평으로 교차하면서 넓은 공간을 만들어내는 디자인은 멋졌지만 실제 사용할 만한 아기자기한 내부 공간은 부족했다. 두 건축가는 그래서 '건물 안의 건물'을 설계했다. 건물 안에 새 사무실 공간을

원형 램프는 꽃길로 재탄생되었다

건물 앞쪽의 휴게 공간

집어넣었다.

그리고 이 건물에 담긴 시간의 켜를 그대로 노출시켰다. 지상 3층 콘크리트 기둥 구조도 그대로 살리고, 내부 시멘트벽도 세월의 흔적을 보여주기 위해 변형된 모습 그대로 놔두기로 했다.

외부로 돌출된 구조물들은 천장을 걷어내 하늘이 보이는 야외공간으로 만들고 벽과 기둥 사이에 나무를 심었다. 동그랗게 말려 건물로 올라가는 경사 진입로는 안전상의 문제가 있어 출입구로 활용하기 어려웠다. 사람들이 드나들 수 없는 이 램프도 그대로 남겼다. 대신 키 작은 식물을 램프에 심어 위로 올라가는 꽃길로 바꿨다. 건물과 앞쪽 개방 공간 사이에는 나무 데크를 깔아 공원을 찾아온 시민들이 잠시 쉬면서 도시락도 먹을 수 있는 쉼터로 꾸몄다.

시민을 위한 새로운 공간으로 탄생한 꿈마루 전경

국내에선 유례가 없었던 리노베이션 작업 끝에 건물은 드디어 완전히 새롭게 고쳐져서, 정확히는 최초의 모습에 최대한 가깝게 복원되어 2011년 5월 5일 어린이날 다시 문을 열었다. 그리고 '꿈마루'라는 새 이름도 얻었다.

콘크리트 특유의 거칠지만 야성적인 느낌이 물씬 풍겨나는 거대한 수식, 수평 구조체가 교차하는 꿈마루는 단숨에 어린이대공원의 랜드마크가 됐다. 이전에는 건물 앞쪽을 다른 시설들이 가리고 있어 사람들이 지나다니면서도 이런 건물이 있는지도 잘 몰랐지만, 앞부분이 확 트이면서 가장 잘 보이는 건물이 되었기 때문이다.

꿈마루 내부는 다른 건물에서 볼 수 없는 높고 탁 트인 기하학적 공간이 펼쳐진다. 깔끔한 마감이나 아기자기한 장식 없이 오로지 거대한 기

새롭게 탄생한 꿈마루의 내부 모습

둥과 바닥판만으로 만들어내는 '최소한의 건축'이자 '가장 솔직한 구조의 건축'을 보여주는 공간이기도 하다. 건물 안과 밖을 나누는 벽체 없이 하나로 터 내부와 외부가 연결되기 때문에 건물 형태는 압도적인데도 그리 부담스럽지 않게 다가오는 것이 꿈마루의 매력이다.

사무실 공간은 특별할 것 없이 깔끔하게 흰색 페인트로 마감했는데, 위쪽을 보면 일부러 초기의 흔적을 보여주고자 칠을 하지 않고 남겨놓은 부분들이 드러난다. 깨끗한 백색 네모 공간 속에 드러나는 시멘트 구조의 흔적은 서로 다른 시간대를 나타내며 대비되면서도 조화를 이룬

골프장, 교양관, 꿈마루. 세 개의 시간축이 공존하는 공간

다. 조성룡 건축가는 골프장 시절의 흔적도 중요했지만, 교양관 시절의 자취도 소중하다고 봤다. 이 두 시간대에 새로 손본 흔적까지, 꿈마루 안에서는 모두 세 개의 시간축이 공존한다.

선유도에서 건축과 조경의 조화를 최대한 추구했던 조 교수는 이 건물에서도 자신의 장기를 유감없이 살렸다. 벽과 기둥을 남기면서 외부와 만나는 구조물들은 새로 심은 나무들과 하나가 되어 건축과 조경, 내부와 외부, 건물과 사람을 이어주는 '전이공간' 역할을 한다. 이런 완충장치 덕분에 사람들은 이 거대한 건물을 부담감 없이 만날 수 있다.

건축과 조경, 내부와 외부, 건물과 사람이 만나는 공간.
어스름이 내리면 또 다른 모습을 보여준다

꿈마루는 밤이 되면 그 느낌이 또 달라진다. 외부 조경 공간에 야간 조명이 시작되면 지붕 없는 콘크리트 벽에 나무들의 그림자가 비친다. 바람이 불면 은은하게 흔들리는 나무 그림자는 건축과 자연이 합동으로 만들어내는 무늬처럼 묘한 느낌을 주면서 더욱 특별하고 그윽한 분위기를 만들어낸다.

그리고 이 건물은 나상진이란 잊혀진 건축가도 함께 되살려냈다.

한국 건축가들을 크게 구분하면 1960~80년대 한국 건축을 양분했던

1세대 대표급 건축가 나상진

두 스타 건축가 김수근과 김중업을 경계로 그 이전과 이후로 나눌 수 있다. 양김 건축가 이전 건축가들이 곧 현대건축 1세대들이고, 김수근과 김중업 세대가 2세대, 그리고 90년대 이후 건축가들이 3세대가 된다. 나상진은 이 1세대 건축가들 중에서도 대표급으로, 다른 건축가들과는 유독 구별되는 특별한 건축가였다.

1950~70년대 왕성하게 활동했던 나상진은 외국에서 공부한 유학파와 명문대 출신들이 장악한 건축계에서 건축을 전공하지도 않았고, 대학을 나오지도 않았음에도 능력 하나로 자수성가했던 '토종' 건축가였다.

김제 출신으로 전주공립공업보습학교를 나온 그는 일본 건축회사 가지마쿠미에 들어가 엔지니어로 경력을 쌓았고, 해방 이후 건축가로 활동을 시작했다. 쿠데타로 집권한 군사정권 시절 주요한 공공건축 프로젝트를 많이 설계해 정치적 건축가란 평도 들었다. 서울 남대문 앞 그랜

드호텔, 새나라자동차, 경기도청사, 대구 파티마병원, 명동 한일관, 중앙정보부 본청사 등 150여 개 건물을 설계했고, 지금도 그의 작품 중 상당수가 남아 있다.

그의 작품들 중에서도 꿈마루로 바뀐 서울컨트리클럽 클럽하우스 건물은 디자인 완성도와 과감한 콘크리트 공법 면에서 수준이 높은 작품이자, 사라져가는 한국 근현대의 역사를 담고 있는 의미 있는 건물로 평가된다.

당시만 해도 국내 건축 시공의 수준은 무척 열악했는데 과감하게 콘크리트로 대담한 구조를 시도한 점은 특히 돋보인다. 또한 건물의 완성도도 수준급으로, 일부러 거칠게 처리한 표면 등을 보면 손맛이 생생하게 살아 있다.

하지만 나상진이란 이름은 타계 이후 건축계 내에서도 잊혀졌다. 자료 보존과 역사 기록에 미흡한 한국 건축계의 현실을 보여주는 대목이기도 하다. 꿈마루가 문을 열면서 개관 특별전으로 나상진에 대한 전시회가 열리면서 그를 다시 주목하는 계기도 마련됐다.

세월이 쌓이면 어떤 건물이든 가치를 갖게 된다. 공간을 완성시키는 것은 시간이기 때문이다. 그 시간은 곧 건물과 관계 맺어온 수많은 사람들의 추억이다. 그러나 우리는 지금까지 시간이 스며든 공간을 지우고 헐기에 바빴다. 꿈마루의 부활은 그런 점에서 복원 과정만으로도 의미가 있다. 새로 짓는 것만이 건축이 아니라 되살리는 건축도 있다는 사실을 보여주기 때문이다.

  이 건물은 아무도 모르게 사라질 뻔했다. 그러나 사소한 것을 놓치지 않은 공무원의 눈썰미가, 자료를 뒤져 가치를 찾아낸 건축가의 관심이, 발견된 가치를 소중히 받아들이기로 한 공무원의 고민이, 그리고 건물을 살리는 것도 건축임을 보여준 건축가의 열정이 기승전결로 이어져 이 건물을 시민들에게 선사했다.

  먼 길 돌아와 우리 앞에 선 꿈마루 앞에선 이제 아이들이 뛰논다. 이 건물에 어떤 이야기가 깃들어 있는지 알 리 없는 저 아이들의 웃음소리야말로 이 건물을 진정으로 완성시킨 마지막 마감재일 것이다.

먼 길 돌아서 우리에게 돌아온 꿈마루에는
아이들의 웃음소리가 함께한다

어린이대공원 꿈마루

위대한 나비효과,
태평양을 건너 한국에 기적의 건축물을 만들다

기적의 도서관

2001년 9월 5일, 영화잡지 《씨네21》에 길지 않은 글 한 꼭지가 실린다. 한국의 대표적 인문주의자인 도정일 경희대 교수가 쓴 '시카고의 앵무새 열풍'이란 글이었다.

칼럼은 미국 시카고의 책읽기 운동에 대한 것이었다. 시카고 공공도서관은 그해 8월 하퍼 리의 소설 《앵무새 죽이기》를 시카고 시민들이 함께 읽을 책으로 선정했다. 7주 동안 이 책을 시민들 모두 읽자는 캠페인이 시작됐다. 시카고 시장도 동참해 시민들에게 직접 캠페인에 참여해달라고 호소했다. 그리고 정말로 시카고 시민들은 스스로도 예상 못했던《앵무새 죽이기》읽기 열풍에 빠진다.

시카고가 시도했던 이 운동은 4년 전 시애틀에서 시작됐다. 1997년 시애틀의 한 도서관 직원이 시민들이 1년에 책 하나를 같이 읽자는 아이디어를 냈다. 그의 아이디어가 받아들여져 '한 도시 한 책 읽기 운동'이 탄생했다. 평범한 직원 한 명의 아이디어가 시 차원의 행사로 받아들여진 것이다. 이 운동은 시카고로 건너가 대성공을 거두면서 세계 언론의 비상한 관심을 끌기 시작했다.

이 캠페인을 소개한 도 교수의 글을 읽은 사람들 가운데 '쌀집 아저씨'란 별명으로 유명한 스타 방송 프로듀서 김영희 피디가 있었다. 김 피디는 책읽기 운동에 공감해 당시 최고 인기 방송 프로그램이었던 〈느낌표〉에 '책을 읽읍시다'란 꼭지를 집어넣었다. 도정일 교수가 대표인 '책읽는사회만들기 국민운동본부'가 프로그램에 함께 참여해 온 국민이 읽을 만한 책을 골라 '책을 읽읍시다'에서 소개하기 시작했다.

2002년, 월드컵의 붉은 악마 열풍과 함께 한국 사회를 뜨겁게 달궜던 〈느낌표〉의 '책을 읽읍시다' 열풍은 그렇게 탄생했다. 그리고 이렇게 책으로 촉발된 에너지는 한 단계 위의 새로운 사회적 실험으로 이어졌다. 한국 사회 미래의 주역이 될 어린이들을 위한 도서관을 만드는 것, 바로 '기적의 도서관 프로젝트'다.

도서관은 흔히 "최소한의 투자로 최대한의 목표를 이룰 수 있는 사회적 장치"라고 불린다. 개인이 읽는 책은 그 한 사람만 볼 수 있지만, 도서관의 책은 사람을 가리지 않고 지식을 전달해주기 때문이다. 빌 게이츠가 지금의 그를 있게 해준 것은 하버드 대학이 아니라 어린 시절 즐겨 찾아갔던 시애틀의 작은 도서관이었다고 한 것은 도서관이 갖는 마법 같은 힘을 가장 잘 보여주는 말이다. 도서관은 '꿈'을 만들어줄 수 있다는 점에서 그 어떤 공공시설이 해내지 못하는 것을 가능하게 한다.

그럼에도 불구하고 한국에서 도서관은 가장 홀대받는 공공시설로 꼽힌다. 특히 도서관이 가장 필요한 존재인 어린이들을 위한 도서관은 거의 없었다. 도서관은 책을 읽는 곳이라기보다는 중고생들이 시험공부하는 독서실에 가까웠고, 아이들은 모든 세대들이 뒤섞여 이용하는 도서관 귀퉁이에 마련된 좁은 공간에서 부족한 책들을 아쉬워해야 했다.

'기적의 도서관' 프로젝트는 이런 문제를 해결하려는 민간의 자발적 시도였다. 기존 도서관은 시도하지 못할 새로운 방식으로 그림이 그려지기 시작했다. 책이 별로 없는 지역, 도서관이 부족한 지방 도시와 손잡고 새로운 도서관을 짓기로 계획이 확정됐다. 지방자치단체가 땅을 대면 민간이 돈을 모아 도서관을 짓는 공공 프로젝트였다. 그 첫 번째 도시로 전남 순천이 결정됐다.

그동안 한국에 없었던 완전히 새로운 도서관을 설계할 건축가는 고 정기용 성균관대 석좌초빙교수였다. 훗날 노무현 대통령의 봉하마을 사저를 설계하기도 했던 정기용 교수의 별명은 '건축계의 공익요원'이었

어린이 전용 도서관은 한국 건축계 최초의 시도였다

다. 한국 건축계에서 누구보다도 열심히 공공건축의 중요성을 역설하면서 다양한 문화 활동을 벌여온 이였다. 새로 지을 도서관은 그에게 가장 어울리는 작업이기도 했다.

그러나 어린이 전용 도서관은 그에게도, 한국 건축계에게도 처음이었다. 국내에선 참고할 모델조차 없는 상황에서 건축가에게 유일한 조언자는 지역에서 어린이 독서운동을 펼쳐온 아줌마들이었다. 작지만 알찬 풀뿌리 프로그램으로 어린이 도서관의 씨앗을 뿌려온 아줌마들의 이야기를 들어가며 정기용은 도서관이 어떤 건물이어야 할지 그림을 그려 나가기 시작했다.

드디어 2003년 7월 15일 순천의 금당지구 공원 안 부지에서 공사가 시작된다. 그리고 10월 초 도서관이 완공됐다. 공사에 걸린 기간은 단

2003년 10월 초 순천의 공원 부지에서 기적의 도서관이 완공됐다

기적의 도서관을 탄생시킨 〈느낌표〉 로고가 보인다

석 달. 기적의 도서관은 정말 기적처럼 문을 열었다. 수많은 사람들이 이 도서관을 보기 위해 몰려들었고, 〈느낌표〉의 두 사회자 유재석과 김용만도 믿기지 않는다는 표정으로 이 놀라운 풍경을 바라봤다.

낮지만 귀여운 도서관 건물의 바깥 모습도 새로웠지만 사람들을 더욱 놀라게 한 것은 내부의 열람실 풍경이었다. 아이들이 도서관에 들어가면 가장 먼저 마주치는 것은 뜻밖에도 세면대. 책을 읽기 전 손부터 씻음으로써 모두가 함께 보는 책의 수명을 더 오래 늘일 수 있도록 하는 것이다. 이 아이디어는 정기용 건축가가 책읽기 운동을 펼쳐온 실무자들을 인터뷰하면서 얻은 것이었다. 동시에 책에 대한 예의를 가르치는 무언의 교육 장치이기도 하다.

세면대에서 손을 씻고 들어서면 놀이터 같고 안방 같은 열람실이 펼

놀이터 같고 안방 같은 열람실

구석구석 숨을 곳이 많은 내부 구조

쳐진다. 아이들은 바닥에 누워서, 구석에 틀어박혀서, 계단에 앉아서 책을 본다. 아이들은 숨기 좋은 구석구석 어디에나 들어가서 마음껏 책을 읽을 수 있다.

지금은 이런 도서관이 드물지 않지만 당시만 해도 이런 구조의 도서관은 없었다. 도서관이라고 하면 공간을 관리하는 사서들의 자리가 정가운데나 맨 앞에 있고, 그 주변으로 열람 공간이 한눈에 보이도록 배치하는 것이 기본이었다. 도서관 직원들이 열람객들을 관리, 감독하기 쉬운 배치가 우선이었기 때문이다.

이렇게 적은 인원이 많은 사람들을 관리하기 좋게 공간을 만드는 것을 '파놉티콘'이라고 한다. 파놉티콘은 18세기 말 영국의 철학자 제러미 벤담이 만들어낸 개념으로, 교도소나 병원, 학교, 군대 등에서 모든 공간

아이들 눈높이 맞춰 구성된 열람실 내부

건물 전체가 온돌 난방이라
바닥에서 뒹굴며 책을 볼 수 있다

을 한 곳에서 쉽게 살펴보면서 최소한의 인원으로 많은 사람들의 일거수일투족을 볼 수 있도록 한 구조를 말한다.

한국에서 도서관은 감옥이나 군대도 아닌데도 이 파놉티콘 구조를 따라왔다. 이용자들이 편안하고 즐겁게 책을 읽는 것보다는 도서관 관리자의 행정 편의를 중시했던 것이다. 파놉티콘이 아닌 도서관이 드물었기 때문에 이용자들도 아무런 문제의식을 느끼지 못하는 실정이다. 순천 기적의 도서관은 이런 무의식 속에 자리 잡고 있는 고정관념을 거부한 첫 번째 도서관이었다.

또한 기적의 도서관은 건물 전체에 온돌 난방을 한 최초의 도서관이었다. 아이들은 자기 집 방 안에서 배를 깔고 따뜻하게 책을 볼 수 있듯 도서관에서도 바닥에 뒹굴며 책을 볼 수 있게 됐다.

아이들 눈높이 맞춰 구성된 다양한 독서 공간

아이들의 신체 크기와 취향에 맞는 다양한 독서 공간을 집어넣은 것도 처음이었다. 동그란 원형 터널 같은 파이프 모양 '별나라방', 엄마가 젖먹이와 함께 책을 볼 수 있는 '코~하는 방', 어린이 공간이 쑥스러울 아빠들이 따로 모여 아이에게 책을 읽어주는 '아빠랑 아기랑 방', 고학년 어린이들이 좋아하는 다락 같은 공간인 '지혜의 다락방'······. 누구나 한번쯤 생각해볼 만한, 그러나 어떤 도서관도 만들지 않았던 독서 공간들이었다.

건축가가 이렇게 재미있고 아기자기한 방들을 많이 만든 것은 그의 건축 철학에서 가장 중요한 것이 '방'이란 개념이었기 때문이었다. 정기용 건축가는 건축에서 '방'이라는 가장 본질적인 공간의 가치를 중시했다. 그는 "건축을 할수록 방과 집에 대해 생각하게 된다"고 말해왔다. 건축에서 이 둘이 분리되기 시작했지만 "태초의 집은 방"이었다는 본질을 늘 강조했다. "고대부터 지금까지도 집이 중요한 이유는 방 때문일 것"이며, "방이 집보다 앞서는 이유는, 따지고 또 따져볼 때 방은 영혼의 안식처이기 때문"이란 게 그의 지론이었다. 그런 점에서 기적의 도서관은 아이들을 위한 수많은 재미있는 방들의 조합이자, 그 자체로도 커다랗고 재미있는 '방'이라고 할 수 있다.

'방 철학'과 함께 그가 도서관에 집어넣은 또 하나의 철학은 자신만의 건축창작론인 '감응의 건축'이었다. 그는 '감응'이란 "단순히 느끼는 게 아니라 작용과 반작용, 즉 느끼고 전달되고, 전달된 것이 되돌아오게 하는 그런 상호쌍방적 관계가 추상적으로가 아니라 감성적으로 일어났을 때 건축의 이미지나 형상이 싹이 트게 되는 것을 가리킨다"고 봤다. 기적의 도서관은 이 감응의 건축론을 가장 잘 보여주는 건물이다. 아이들과 책이, 그리고 아이들과 공간이 쌍방향으로 감응하는 건축을 추구한 것이다. 다른 아이들이 즐겁게 책을 읽는 모습을 보는 것만으로도 아이들이 다시 찾아오고 싶어 하는 도서관, 관리자가 아니라 이용자가 즐거워하는 도서관이 그가 생각한 진정한 도서관의 모습이었다.

기적의 도서관은 이렇게 '상식을 파괴한 진짜 상식적인 어린이도서관'이었다. 사람들의 관심은 엄청났다. 문을 열자마자 순천 최고의 명소가 되었고, 문을 연 뒤 1년 동안에만 무려 35만 명이 찾아왔다. 규모는 작았지만 웬만한 지자체 대형 도서관 못지않게 많은 사람들이 이용한 것이었다. 초기에는 그야말로 순천의 '관광 코스'나 다름없을 정도였다.

순천 최고의 명소가 된 '상식을 파괴한 진짜 상식적인 어린이도서관'

 순천을 시작으로 기적의 도서관은 이후 모두 10곳으로 이어졌다. 도서관도 기적이었지만, 진정한 기적은 어찌 보면 그 이후에 일어났다. 기적의 도서관은 순천을 한국 최고의 도서관 도시로 발전시키는 기폭제가 된다.

 순천시는 이 도서관 개관과 함께 한국 지방자치단체 최초로 '도서관 운영과'를 만들어 도서관 진흥에 나섰다. 10년이 지난 지금 인구 20여만 명인 순천에 있는 크고 작은 도서관은 모두 40여 곳. 인구 1,000만이 넘는 서울의 공공도서관이 60여 곳, 인구 350여만 명인 부산의 공공도서관이 20여 곳인 점에 견줘보면 실로 놀라운 결과다. 순천 기적의 도서관은 장서 수가 7만 권 정도지만 하루 평균 대출 책 수는 700여 권이다. 수십만 권씩 있는 웬만한 대학도서관 대출보다 더 많다.

건축적으로는 더 많은 직접적 영향을 끼쳤다. 정기용은 우리나라에 그동안 없었던 어린이 전용 도서관의 전형을 이 연작을 통해 정립했다. 그리고 아이들의 보금자리인 만큼 재미를 강조했다. 도서관 건물 못지않게 아이들이 뛰어노는 외부 공간에도 신경을 썼다. 지금은 당연해진 이런 것들이 2000년대 초반까지만 해도 완전히 새로운 것이었다.

나비는 꿈이다. 나비는 누구의 머릿속에도 날아온다. 시애틀 도서관 직원의 머릿속에서 펼친 나비의 날갯짓은 새로운 독서운동을 낳았고, 태평양을 건너 한국 방송사에 유례가 없는 공공캠페인을 낳았다. 그리고 한국 건축계에도 새로운 건물을 탄생시켰다.

그렇게 태어난 도서관에서 책을 읽고 자란 아이들이 상상 속에서 팔랑거리는 나비를 좇아 꿈을 이뤄나갈 것이다. 꿈은 기적을 만들고, 기적은 건축에 담겨 다시 새로운 기적으로 이어지기도 한다.

꿈은 기적을 만들고, 기적은 건축에 담겨
다시 새로운 기적으로 이어진다

기적의 도서관

정기용이 세운

또 하나의

기록

우리나라가 제정신이 아니라는 증거. 이런 것만 한 것이 있을까?

정기용 건축가는 두 가지 표현을 꼽았다. 서울 강남의 재건축 예정 아파트 단지에 걸린 펼침막에 쓰인 글귀에서 그는 우리나라의 건축 현실을 보며 개탄했다. 하나는 '경축 재건축', 또 하나는 '안전진단 통과'란 표현이었다.

"가족끼리 오순도순 살던 곳을 때려 부수고 증축하는 곳은 대한민국뿐입니다. 특히 강남에 재건축을 위해서 내건 플래카드를 보면 제대로 된 나라인가 싶을 정도로 참혹합니다. 재개발 하는 사람들이 내거는 두 가지 상상을 초월하는 언어가 있습니다. '경축 재건축', '안전진단 통과'라는 겁니다.

'안전진단 통과'라고 하는 건 우리 사는 곳이 안전하지 않다는 것이 통과되었다는 말입니다. 우리는 자신이 사는 곳이 안전하지 않은 것을 경축하고, 때려 부수는 것을 경축하는 나라에 살고 있는 겁니다. 기업과 전 국민이 공모해서 여기까지 왔습니다. 지금 우리가 처해 있는 이 공간과 도시가 이것이

인간을 위한 사회인지 되묻게 하는 그런 세상에 너도나도 살고 있습니다."

정기용은 평생 '옳은 것은 지켜야 한다'는 철학을 고집했던 건축가였다. 건강과 자연에 반하는 건축보다는 생태적인 건축을, 나 홀로 폼 나는 건축보다는 함께 조화를 이루는 건축을, 그리고 부동산이 아니라 진정한 집으로서의 건축을 늘 주장했다.

이렇게 일갈했던 정기용은 건축가로서 절정을 맞을 나이인 예순다섯 살이었던 2011년 3월 11일 지병으로 세상을 떠났다. 한국 건축계에서 누구보다도 폭넓은 지지를 받았고, 누구보다도 실험적이었으며, 소신을 갖고 사회적 발언을 가장 많이 했던 건축가였다.

남들은 말로만 하는 가치를 그는 직접 온몸으로 시도했다. 대통령 사저를 설계할 정도로 유명했음에도 당연히 많은 돈을 벌기는커녕 자기 집 한 채 없이 살았다. 그가 많은 시간을 쏟아부은 작업들이 대부분 예산은 적고 품은 많이 드는 작고 소박한 지역 공동체의 공공건축물들이었기 때문이었다.

하지만 이런 점 때문에 그는 그 어떤 동시대 건축가보다도 많은 '팬'을 거느렸던 건축가이기도 했다. 그가 암에 걸려 세상을 뜨기 전 마지막 1년을 기록한 영화가 2012년 개봉되어 독립 다큐멘터리 영화로는 아무도 예상 못한 성공을 거둔 《말하는 건축가》(감독 정재은)였다. 한국에서 건축가를 영화로, 그것도 다큐멘터리로 다룬 것은 이 영화가 처음이었다.

정기용의 마지막 1년을 기록한 영화,
《말하는 건축가》

    영화는 정기용의 건축 세계에서 가장 중요한 2개의 축인 '기적의 도서관 시리즈'와 '무주 공공건축 시리즈' 중에서 무주 공공건축물들을 중심으로 다뤘다. 기적의 도서관에서 그랬던 것처럼 정기용은 무주 연작에서도 이용자 서민들을 직접 만나 그들이 진정 바라는 것들을 건물에 집어넣었다. 목욕탕이 멀리 떨어져 불편해하는 지역 주민들을 위해 면사무소에 공중목욕탕을 처음으로 집어넣었고, 군민대회가 열리면 군수 등 고위 관리들은 그늘이 드리우는 본부석에 앉지만 정작 군민들은 뙤약볕이 내리쬐는 관중석에서 불편을 겪어야 하는 점을 듣고는 공설운동장 관중석에 등나무 지붕을 만들어 그늘을 만들어준 것들이 대표적이다.

　그런 점에서 정기용 건축을 보는 관점은 일반 건물들을 볼 때와는 다를 필요가 있다. 디자인이 멋진지, 예술가의 철학이 어떠한지로 그의 건축을 따지는 것은 그가 추구한 의미를 퇴색시킬 수도 있다.

　건축이란 원래 겉모습의 완성도만으로 보아서는 안 되는 분야다. 건축 조건이 어떠했는지가 건물의 모양을 좌우하기 때문이다. 그가 얼마나 열악한 환경과 예산으로 최선의 해결책을 추구했는가가 정기용 건축의 관전 포인트다. 곧 어떤 디자인을 시도했느냐보다 어떤 생각을 담으려 했느냐를 봐야 힌다. 모든 건축에 적용되는 것이지만 정기용 건축에서는 더욱 그렇다.

怒

전쟁과 여성인권박물관
    끝나지 않은 분노의 건축,
    트라우마를 치유하는 집

도동서원
    오기로 지은 독종의 건축,
    죽음의 의미를 묻는 조선 건축의 스타

시드니 오페라하우스
    분노와 저주의 건축,
    건축주와 건축가를 원수로 만든 집

옛 부여박물관
    대중의 분노, 건축가의 치욕,
    한국에서 가장 많은 욕을 먹은 건물

분노

끝나지 않은 분노의 건축,
트라우마를 치유하는 집

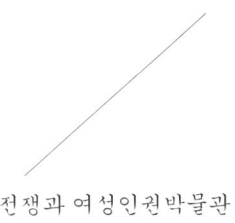

전쟁과 여성인권박물관

오래된 중산층 단독주택들이 아직 남아 버티고 있는 서울 성산동 한 언덕 골목길. 이면도로로 조금 올라가다 보면 갑자기 경사가 가팔라지면서 오른쪽으로 길이 꺾이는 모서리에 첫눈에도 어딘가 다른 집들과 달라 보이는 건물 한 채가 나타난다.

언덕배기에 있는 단독주택들이 그렇듯 축대를 쌓고 옹벽을 세웠는데, 옹벽과 집 전체를 모두 짙은 잿빛 전벽돌로 덮은 모습이 강렬하게 눈길을 잡아당긴다. 마치 집 전체가 검은 비석 같기도 하고, 요즘 유행하는 작은 미술관처럼 보이기도 한다.

건물 전체가 커다란 검은 비석처럼 보이기도 한다

별다른 표지판도 없어 정체가 궁금해지는 이 독특한 집의 정확한 이름은 '전쟁과 여성인권박물관'. 우리 현대사에서 가장 가슴 아픈 상처를 입은 역사의 희생양들인 일본군 위안부 할머니들을 기리는 기념관이다.

2012년 5월 5일 문을 연 전쟁과 여성인권박물관은 가히 '이야기로 지은 집'이라고 할 수 있다. 엄혹하고 암울했던 20세기 한국 현대사에서 그 누구보다도 끔찍한 상처를 입어야만 했던 일본군 위안부 할머니들의 이야기가 이 집을 짓게 만들었고, 수십만 명 시민들이 적은 돈을 차곡차곡 모아 이 집이 지어진 과정 자체도 하나의 이야기였다. 그리고 지어지는 과정에서도 다른 건축에선 만나볼 수 없는 특별한 이야기들이 더해졌다. 특별히 이 집이 문을 연 날이 어린이날이었던 것은, 위안부 할머니들처럼 전쟁이 만들어낸 불행한 역사의 희생이 되풀이되지 않도록 미래의 주역인 어린이들에게 '평화'의 가치를 알려주려는 의미에서였다.

이 박물관을 짓게 된 이야기는 20년 전으로 거슬러 올라간다.

1992년 1월 8일, 서울 종로구 중학동 주한 일본대사관 앞에선 역사적인 집회가 열렸다. 일제 강점기 시절 일본이 벌인 전쟁에 끌려가 성노예가 되어야 했던 위안부 할머니들이 모여 일본 정부에 공식적으로 사과와 문제 해결을 요구한 것이었다.

수요일에 열린 이 집회는 이후 매주 수요일마다 이어졌다. 1년, 2년, 그리고 5년……, 그리고 10년이 되도록 일본 정부는 사죄는커녕 아무런 반응도 보이지 않으며 할머니들을 외면했다. 집회는 '수요시위'란 고유명사가 되었고, 2002년 10년이 되었을 때에는 '한 주제로 세계에서 가장 오래 열린 집회'로 기네스북에 오르기까지 했다.

이 집회가 이어지는 동안 따로 추진된 것이 위안부 할머니들을 위한 기념관이었다. 평생 맺힌 한을 씻어내지 못한 채 할머니들이 한두 분씩 세상을 뜨기 시작하면서 2003년께 박물관의 필요성이 제기되기 시작했다. 그리고 2004년 박물관 건립위원회가 꾸려지면서 박물관을 짓는 작업은 구체화됐다.

그러나 시작부터 험난한 작업이었다. 정부와 국회가 지원한 돈은 5억 원. 박물관을 짓기에는 너무나 적은 돈이었다. 관계자들은 어쩔 수없이 기업들을 찾아갔지만 어느 기업도 이 뜻깊은 일에 동참하지 않으려 했다. 아무런 마케팅 효과가 없다는 이유로 기업들은 "회사 이미지에 맞지 않는다"면서 거절했다.

　오히려 발 벗고 나서 도운 이들은 할머니들처럼 평범한 시민들이었다. 십시일반으로 돈을 걷는 작업이 10년 가까이 이어졌다. 일본 정부는 외면했지만 일본의 뜻있는 시민들도 동참했다. 일본에서만 3,000여 명이 7억 원을 보내왔다. 그렇게 간신히 20억 원이 모였다. 그리고 좋은 소식도 전해졌다. 박물관을 지을 부지를 제공받게 된 것이었다. 그 터는 지금의 성산동이 아니라 서울 서대문 독립문 뒤 독립공원 안이었다.

　박물관을 추진한 할머니들과 한국정신대문제대책협의회(정대협)를 돕는 이들 중에는 건축가도 있었다. 중견 여성 건축가 김희옥 소장이었다. 같은 여성으로서 할머니들의 아픔을 공감해왔던 김 소장은 돈 한 푼 받지 않고 재능 기부로 새 박물관을 설계했다. 드디어 설계가 완성됐고, 박물관은 착공 단계에 들어갔다.

　그러나 기쁨도 잠시, 실로 어처구니없는 일이 벌어졌다. 몇몇 단체들이 애국선열 독립운동의 성지인 독립공원에 위안부들을 위한 기념관을 지을 수 없다며 반대하고 나섰다. 겉으로는 장소 성격에 맞지 않는다는 이유였지만 표현은 "애국선열에 대한 명예훼손"을 들먹이고 있었다. 속으로는 할머니들을 '더러운 존재'로 취급한 것이었다. 오히려 같은 나라 사람들에게 더 치욕적인 수모를 당하게 된 할머니들은 분노했고, 가슴 속 상처는 더욱 커졌다.

황당한 거부 행태에 시민들이 분노해 사회적 관심이 잠시 끓어올랐지만, 결국 할머니들을 위한 기념관은 장소를 옮겨 마포 성미산 부근 성산동에 지어지기로 결정됐다. 박물관은 처음부터 기쁨 대신 슬픔과 함께 시작해야 했다.

땅이 바뀌면서 당연히 설계도 바뀌야 했다. 그런데 원 설계자 김희옥 소장은 뜻밖의 제안을 했다. 촉망받는 젊은 건축가들에게 박물관을 설계할 기회를 주자는 것이었다.

건축가에게 박물관이나 미술관 같은 공공건축물들은 규모의 크고 작음을 떠나 가장 선호하는 프로젝트다. 사회적 의미도 크고, 건축적으로도 일반 건물에서 시도하기 어려운 새로운 개념과 디자인을 시도할 수 있는 기회이기 때문이다.

더군다나 오랫동안 자신이 공들여 진행해온 작업을 자발적으로 양보하는 것은 건축계에선 유례를 찾기 어려운 일이었다. 김 소장이 후배 건축가들을 생각한 것은 능력을 갖췄어도 실적이 없고 연륜이 짧아 중요한 건물을 설계할 기회를 얻기 어려운 젊은 건축가들의 어려움을 잘 알기 때문이었다. 고민 끝에 김 소장은 후배들을 위한 기회를 주기로 결심했고, 건축계는 이 제안을 받아 젊은 건축가들을 위한 공모전을 열었다.

공모전에는 문화체육관광부가 주는 '젊은 건축가상' 수상자 중 2010년과 2011년 상을 받은 네 팀이 올라갔다. 그리고 이 중에서 부부 건축

전쟁과 여성인권박물관의 건축가 장영철, 전숙희 부부

가 장영철, 전숙희 씨의 설계안이 당선됐다.

장영철, 전숙희 두 사람은 30~40대 신진 건축가들 사이에서 일찌감치 주목을 받아온 이들로, 신예 건축가들이 가장 받고 싶어 하는 상인 '젊은 건축가상'을 받았지만 유학을 마치고 돌아와 사무실을 차린 지 얼마 되지 않아 실제 이뤄진 건축 작업은 별로 없었다. 건물로 지어진 작품은 두 개뿐이었던 이들이 선배가 양보해 생긴 공모전 덕분에 비로소 '일다운 일'을 하게 된 것이다. 더군다나 두 사람에게 이 박물관은 처음 시도해보는 공공건축물이었다.

2011년 8월 14일, 광복절 하루 전날 드디어 박물관 건립 계획이 시작된 지 9년 만에 공사가 시작됐다.

새 박물관은 기존 단독주택을 고치고 덧대어 짓는 '증축+리노베이션'

박물관이 지어지기 전 기존 주택 모습

작업이었다. 처음부터 완전히 새로 짓는 신축보다 오히려 더 힘들고 어려운 일이었다. 건축가 부부가 찾아가 본 단독주택은 지은 지 30년이 넘은 낡은 집이었다. 대지는 100평 남짓한 350제곱미터에, 고치고 더해 지어도 새 건물의 연면적은 308제곱미터 정도에 불과했다. 박물관으로 쓰기엔 아주 작은 규모지만 어쩔 수 없었다. 경사지에 위치해 뒷집 축대와 건물 사이에는 어둡고 좁은 공간이 있었고, 축축하고 냄새가 나는 지하실의 처리도 문제였다.

게다가 예산도 빠듯했다. 20억 원 성금 중에서 17억 원가량이 집을 사는 데 들어갔다. 모든 것을 최소화하면서 최선을 뽑아내야만 했다.

두 사람은 할머니들의 이야기를 관람객들이 느낄 수 있는 박물관을 구상했다. 그래서 근사한 진입구나, 우아한 로비, 큼직한 전시실 등은 애

쪽문을 열면 소녀의 실루엣으로 이야기가 시작된다

검은 페인트로 그린 소녀의 실루엣

초부터 의도하지 않았다. 대신 내세우기로 한 것은 '시퀀스', 곧 '맥락'의 흐름이었다. 관객들을 이끌어 이야기를 들려주는 집, '스토리텔링 박물관'을 구상했다.

대부분 박물관은 예외 없이 입구를 지나 1층을 보고 2층을 보는 순서를 따르지만, 두 사람은 전혀 다른 동선을 제시했다. 심사위원들이 이 두 사람의 아이디어를 당선작으로 뽑은 것도 동선을 새롭게 짜서 풀어내는 서사 구조가 매력적이었기 때문이었다.

마침내 문을 연 새 박물관은 건물 정면이 아닌 옆구리 쪽으로 난 좁은 쪽문 같은 입구로 들어가게 된다. 입구로 들어서면 어둡고 좁아 마치 동굴 입구 같은 로비가 나타난다. 그리고 집 안으로 바로 들어가지 않는다.

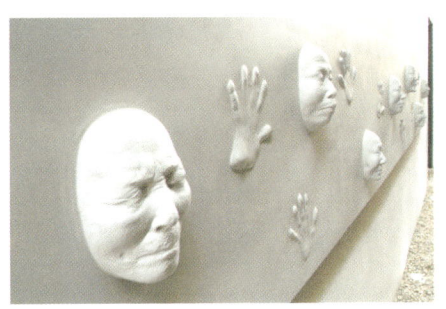
할머니들의 얼굴을 그대로 본떠 만든 부조

어둡고 좁고 긴 틈새 공간

안내자는 관람객을 로비에 있는 또 다른 쪽문으로 이끈다. 문을 열면 건물과 뒷집 사이, 어둡고 좁고 긴 틈새 같은 공간이 먼저 등장하면서 이 건물이 보여주는 이야기가 시작된다.

시멘트 담벼락에는 검은 페인트로 그린 소녀의 실루엣들이 이어지고, 마주보는 건물 외벽엔 할머니들의 얼굴을 그대로 본떠 만든 부조들이 돌출되어 있다. 소녀로 끌려가 이젠 할머니가 된 그들, 일본군 위안부 할머니들의 모습이다.

좁은 공간 끝 마당 쪽 환한 빛이 보이는 방향으로 양쪽 벽의 이미지들을 보며 가는 도중 동선은 갑자기 아래로 내려가는 계단으로 향한다. 지하실 특유의 퀴퀴한 습기와 냄새가 어렴풋이 느껴지는 어두운 실내에 들어서는 순간, 움직임을 감지한 영상 장치가 벽에 화면을 비춘다. 꽃다

좁은 공간을 지나면 지하로 내려가는 계단이 이어진다

어둡고 축축한 지하실 공간

사람의 움직임이 감지되면 영상이 시작된다

할머니들의 처지를 암시하는 설치 미술품

운 소녀들이 끌려가야 했던 전장의 모습, 평생을 잃어버린 할머니들의 눈물어린 인터뷰……. 성노예가 되어야 했던 할머니들의 숙소처럼 허름하고 음습한 지하실 속 작은 방에는 만들다 말고 놓아둔 폐자재처럼 보이는 설치미술 작품이 당시 할머니들의 처지를 암시한다. 취업을 시켜준다고 속여 할머니들을 끌고 가선 공장이 아니라 전쟁터로 끌고 간 과

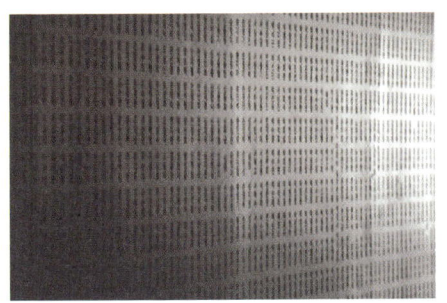

건물 벽에 새겨진 기부자 8,000여 명의 이름

2층까지 천장을 뚫어 최대한 열린 공간을
강조한 1층 실내

정을 상징하는 동선 처리다.

어두운 지하실을 나오면 이제야 건물 안으로 들어갈 차례. 2층까지 천장을 뚫어 최대한 열린 느낌을 강조한 깨끗하고 넓은 실내가 관객을 맞는다. 내부에서 가장 먼저 눈에 띄는 것은 2층까지 뚫린 가운데 벽 위에 새긴 글씨들이다. 박물관을 짓는 데 힘을 보탠 기부자 8,000여 명의 이름 3만 글자를 적은 벽이 전시물이자 상징물이자 기념비다.

그리고 더욱 강렬한 계단이 그다음 차례로 등장한다. 건물 벽 표면을 걷어내 벽돌 구조를 드러낸 계단은 이 건물에서 가장 중요한 설치미술

벽돌 구조를 그대로 드러낸 계단

기존 건물의 구조와 새로 증축한 부분이
만나는 계단은 미래를 암시한다

품 역할을 한다. 기존 건물의 구조 부분과 새로 증축한 부분이 만나는 계단은 시간의 중첩과 연속을 보여주면서 아픈 과거를 딛고 새로운 미래로 나아가려는 이 건물의 의미를 표현한다.

계단 벽 중간에는 할머니들이 쓴 글들을 벽돌에 새겼다. 절절한 글 하나하나가 보는 이들의 가슴을 때린다.

2층에서 가장 인상적인 장면은 전시 내용보다도 건물 앞쪽을 가리는 검정 전벽돌 '스크린 벽'이다. 벽돌을 쌓으면서 중간에 구멍을 만들어 표면의 깊이감을 더했다. 벽돌 하나하나에 할머니들의 얼굴 사진을 붙였고, 벽돌 사이 구멍에 꽃을 꽂아 헌화할 수 있게 했다.

"그걸 다 기억하고 살았으면
아마 살지 못했을 거예요."

벽돌을 쌓으면서 중간에 구멍을 만들어 표면의 깊이감을 더했다

벽돌 하나하나에 할머니 얼굴 사진을 붙여놓았다

    2층 전시실에 이어 이 벽까지 모두 돌아보고 나면 동선은 사계절 철따라 꽃들이 피고 지는 야생화 마당으로 나오는 것으로 마무리된다. 야생화 마당을 조경한 것은 '치유'의 과정을 상징한다.

    "박물관 설계를 하면서 전쟁에 관련된 시설이나 다른 기념 공간들을 조사해보니까 기억의 공간, 추모의 공간은 잘되어 있는데 치유의 공간, 상처를 매만져주는 공간을 배치한 곳은 없더라고요. 그래서 반드시 밝고 좋은 공간을 넣고 싶었습니다. 마침 마당이 있으니 제격이었던 거죠."

    전쟁과 여성인권박물관은 규모의 한계와 주택가란 입지 제약을 잘 극복해낸 건물이다. 웅장하고 장엄한 상징물 없이도 상징성을 잘 표현한 디자인과 스토리텔링을 추구한 동선이 돋보인다. 스크린 벽을 덧댄 이중 외피 구조여서 내부와 외부가 교차하고 그 속에서 다양한 풍경과 표

벽돌 사이 구멍에 헌화하는 모습

치유를 상징하는 밝은 야생화 마당으로 동선이 마무리된다

정이 만들어지는 점도 매력이다.

그리고 또 다른 매력이 하나 더 있다. 건물 옹벽을 건물과 같은 전벽돌로 처리해 건물과 벽이 하나의 덩어리로 보이게 만든 점이다.

건축가 부부는 기존 단독주택을 처음 본 순간 '이건 벽돌이다'라고 동시에 느꼈다고 한다. 검은 전벽돌은 특히 기념비성을 강조하기에 가장 적합한 소재였다. 그리고 벽돌이란 재료 자체의 특성도 중요했다. "벽돌은 하나하나 쌓여서 큰 덩어리가 되잖아요. 이 박물관 자체가 그렇게 만들어진 것 같아요. 20년 넘게 수많은 사람들이 모였으니까. 벽돌을 쌓는 시공방식이 이 건물이 들어서는 과정을 상징하리라는 느낌이 처음부터 들었어요."

건물은 작지만 외벽에 붙인 벽돌의 숫자는 5만 장이 넘는다. 벽돌로

내부와 외부가 교차하는 가운데 다양한 풍경과 표정이
만들어지는 이중 외피 구조

기념비적 상징성을 강조한 건물 외벽

건물을 덮으면서 건축가가 가장 중점을 뒀던 부분은 옹벽까지 벽돌로 처리하는 것이었다. 디자인 측면에서도 중요했지만 그보다도 건물이 조금이라도 더 커 보이게 하고 싶었기 때문이었다고 한다.

"설계를 하게 되고 나서 수요시위 현장에 나갔어요. 그런데 꿈에 그리던 박물관을 짓게 되었는데도 할머니들은 마치 이 꿈이 좌절된 것처럼 이야기하시는 거예요. 원래 짓기로 했던 독립공원 건물이 아니니까, 건물이 작으니까요. 그래서 작은 박물관이 아닌 것처럼 보이게 해드려야겠다고 생각했어요. 그래서 옹벽이 중요해진 거죠. 건물만 보면 작지만 3미터 높이 옹벽을 같은 디자인으로 하면 훨씬 커 보일 테니까요."

벽돌로 쌓은 박물관은 20년이나 걸린 건물의 건축 과정과 닮았다

옹벽과 건물 모두 벽돌로 구성하여 실제 건물보다 훨씬 커 보인다

박물관은 완공됐지만 여전히 할머니들의 한은 풀리지 못하고 있다. 수요시위는 그 사이 20년을 넘어 지금도 이어지고 있다. 일본이 할머니들의 절규를 외면하는 것도 그대로다. 그럼에도 할머니들은 결코 포기하지 않고 있다. 그리고 원래 터인 독립공원 부지에 박물관을 짓는 꿈도 결코 완전히 버리지 않았다.

그래서 전쟁과 여성인권박물관은 지어졌으되 완성되지 않은 박물관이다. 일본이 스스로의 범죄를 인정하고 할머니들에게 사죄를 할 때, 그래서 할머니들의 한이 풀릴 때 이 박물관은 비로소 완성될 것이다.

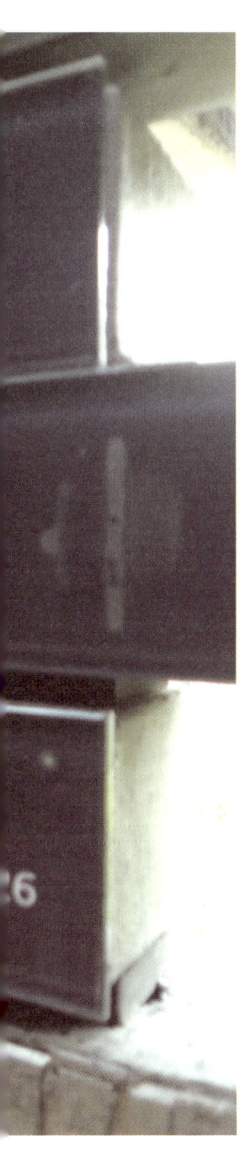

할머니들의 분노가
화해와 용서로 이어질 날이 올 수 있을까?

전쟁과 여성인권박물관

오기로 지은 독종의 건축, 죽음의 의미를 묻는 조선 건축의 스타

도동서원

경북 달성에 가면 그 이름이 너무나 귀여운 고개가 있다. 영남의 젖줄 낙동강을 굽어보는 다람재다. 느티골과 정수골 사이 산 능선이 다람쥐를 닮았다고 해서 이름이 다람재인 이 고갯길 정상에 서면 산을 등지고 낙동강을 바라보는 도동서원이 한눈에 내려다보인다.

한국 전통건축에서 가장 중요한 장르가 서원이다. 서원은 조선 시대 학교 건축의 정수를 보여주는 것을 넘어 조선 건축 전체에서 가장 독특하고 매력적인 분야라고 할 수 있다.

옛날 학교는 공립학교인 향교와 사립학교인 서원 두 가지가 있었는

한눈에 내려다보이는 도동서원 전경

데, 건축가들에게 물어보면 백이면 백 서원 건축을 가장 좋아한다고 이야기한다. 일단 서원이 대부분 경치가 멋진 곳에 위치해 있기 때문이고, 더 중요한 이유는 서원 건축의 자유로움과 정신성 때문이다.

관에서 세운 향교는 지금 보면 그 느낌이 사뭇 그윽하고 멋지지만 그 구성은 거의 대부분 동일하다. 요즘 학교를 보면 다들 똑같이 운동장 뒤 길쭉한 네모 건물로 정형화된 것과 마찬가지다. 그리고 향교가 들어서는 곳도 대부분 시내 한가운데다. 고을 한 곳에 향교 하나가 원칙이었고, 향교가 고을의 중심으로 기능했기 때문에 중심부에 지었다. 그래서 주변 경관이 아주 좋은 편은 아니다. 현재 향교들은 많이 사라졌지만 그 흔적은 전국 각 도시 동네 이름에 남아 있다. 오래된 도시에는 대부분

'교동'이라는 동네가 있는데 '향교가 있는 동네'란 뜻이다. 향교가 있던 마을이니 교동은 거의 예외 없이 구도심에 있다.

반면 서원은 동네와는 떨어져 산수가 빼어난 곳에 지었다. 서원을 세운 유학자들은 호젓하게 공부에 몰두할 수 있는 동시에 풍류를 즐길 수 있는 곳을 공들여 골랐다.

건축적으로도 서원은 향교보다 훨씬 개성적이다. 향교와 비슷한 건물 배치법을 따르고 있지만 건물 하나하나의 스타일이 다르고 건물들 사이의 구성법이 서로 다르다. 지은 이들의 취향과 철학에 따라 호방하게 지었기 때문에 건축주이자 건축가였던 유학자들의 정신세계가 선명하게 드러난다. 그래서 일반 한옥에선 시도할 수 없는 특별한 분위기가 있다. 당연히 건축가들에겐 서원이 내력직일 수밖에 없다.

달성 도동서원은 이러한 서원들 중에서도 간판스타라고 할 수 있는 곳이다. 우선 서원 자체의 지위가 높다. 전국에 퍼져 있던 수많은 서원들은 1865년 대원군 때 일제 정리가 된다. 서원이 교육이란 목적을 저버리고 온갖 사회문제의 온상이 되어버렸다는 이유에서였는데, 유서 깊고 유명한 서원 몇 곳을 빼고는 거의 대부분을 없애버렸다. 도동서원은 그때 헐리지 않고 남은 47개 서원 중 한 곳이다. 그리고 조선 시대부터 병산서원, 도산서원, 옥산서원, 소수서원과 함께 5대 서원으로 꼽혔다.

건축적으로도 도동서원은 남다르다. 그 입구부터 범상치가 않다. 거대한 은행나무가 수호신처럼 지키고 있다. 서원은 유학을 가르치는 학교

'김굉필 나무'로 불리는 도동서원 앞 은행나무와 입구 풍경

서원에서 정면으로 바라본 '김굉필 나무'

여서 예외 없이 은행나무를 심는다. 유학의 시조 공자가 은행나무 아래에서 제자들을 가르친 전통을 계승하려는 것이다. 도동서원 앞 은행나무는 전국 서원에 있는 은행나무들 중에서도 가장 크고 웅장한 나무다. 이 나무의 이름은 '김굉필 나무'다.

서원은 조선 시대 양반 자제들을 가르치는 사립대학이자 기념관이었다. 존경받는 유명한 성리학자를 모시고 제사 지내는 곳이 바로 서원이었다. 곧 누구를 모시느냐가 그 서원의 성격과 의미를 규정한다. 도동서원은 김굉필(1454~1504)을 모시는 서원이고, 그래서 나무 이름도 '김굉필 나무'가 됐다.

도동서원을 설립한 것은 김굉필의 후학들이었다. 이 서원을 짓는 데 앞장선 이들은 김굉필 못지않은 당대 최고의 유명 인사들이었다. 조선

웅장한 누가 형태의 수월루

수월루에서 바라본 환주문의 모습

을 넘어 동아시아 최고의 유학자로 꼽히는 퇴계 이황, 김굉필의 외증손자로 역시 그 시대의 거물이었던 한강 정구가 도동서원을 지은 주인공이었다. 이들은 자신들이 가장 존경하는 선배이자 조상인 김굉필을 모시는 이 서원을 지은 뒤 건립을 기념해 은행나무를 심었다. 1600년대 초반 심은 나무가 어느새 400년 넘는 세월이 흘러 노거수老巨樹가 됐다. 다른 은행나무들과 달리 '김굉필 나무'는 기괴할 정도로 옆으로 넓게 퍼져 보는 이를 압도해온다.

이 은행나무 뒤로 서원의 문이 있다. 서원은 문을 누각으로 짓는 것이 특징이다. 도동서원의 문은 수월루水月樓란 이름의 누각이다. 이 웅장한 문을 지나면 수월루와 너무나 대비되는 아주 작은 문이 나온다. 그 이름이 재미있다. '환주문喚主門'. 주인을 부르는 문이란 뜻이다. 얼핏 한자

정성스레 새겨놓은 환주문의 연꽃 조각

겸손한 마음으로 예의를 갖추게 만드는 작은 문

뜻대로만 생각하면 '주인, 나오시오'라 하는 문 같지만 경건한 서원에서 그런 이름을 붙였을 리 없다. 환주의 뜻은 '내 심성의 주主가 되는 근본을 찾아 부른다'는 뜻이다. 곧 내 마음의 주인을 만나라는 것이다.

  도동서원의 진짜 관문이자 중요한 의미를 담은 문을 왜 이렇게 작게 지었을까? 이제 조선 최고의 유학자를 모시는 신성한 곳이 펼쳐지니 겸손한 마음으로 몸을 숙이고 들어오라는 뜻이다. 들어가는 입구 아래에도 돌조각을 놓아 통행의 편의보다는 예의를 갖추는 자세를 요구한다. 환주문은 그 형태가 작아도 아름답다. 나무 뼈대 끄트머리에는 연꽃 조각을 새겼다. 이렇게 치장한 문은 흔치 않다.

학생을 가르치는 도동서원의 중심 건물 중정당

환주문을 지나면 비로소 진짜 서원 안이다. 도동서원은 모든 서원이 그렇듯 2중 구조로 배치되어 있다. 앞쪽은 학생을 가르치는 교육 공간, 뒤쪽은 학자를 모시고 제사를 지내는 배향 공간이다. 먼저 나오는 교육 공간은 강의실인 본 건물 강당이 가운데, 그리고 기숙사 건물이 양쪽 하나씩 있다. 강의실 건물은 당연히 남향을 하고, 양쪽 기숙사는 동서에 놓인다. 그래서 서원의 동서 기숙사를 각각 동재와 서재라고 부른다.

도동서원에서 가장 눈여겨볼 건물은 단연 이 공간의 중심인 강당 건물이다. 강당의 이름은 중정당中正堂. 이름처럼 당당한 건물이다. 보물 350호로 지정된 중요한 건축 유산으로, 오래된 건물들이 다 그렇듯 이젠 낡디낡은 건물이다.

원래 것에 훨씬 못미치는 새 용머리 조각

돌을 조각보처럼 짜 맞춘 기단의 모습

　이 중정당은 건물 아래 돌로 쌓은 기단이 특별하다. 자세히 들여다보면 아주 신경 써 만든 기단임을 쉽게 눈치 챌 수 있다. 우선 기단 중간에 무언가 툭 튀어나와 있다. 용머리 돌조각이다. 이 용의 표정이 실로 해학적이다. 동그란 눈알이 얼굴의 반인데, 그 모양이 들여다볼수록 매력적이다. 이런 용머리 네 개가 기단에 달려 있다. 아쉽게도 하나만 원래 것이고 나머지는 모두 훼손되어 나중에 새로 만들어 끼운 것들이다. 나중에 만든 용머리들은 안타까울 정도로 조악해 오리지널의 수준에 한참 못 미친다.
　기단 자체도 대단히 재미있다. 축대를 쌓은 돌들을 맞춘 모양이 마치 현대의 추상화를 보는 듯하다. 여러 색깔 천을 짜 맞춘 전통 조각보 같은 느낌도 준다. 가장 복잡한 모양의 돌은 열두모 난 것까지 있다. 저 기

중정당 마루에서 바라본 풍경

제사 지낼 때 쓰이는 생단

단을 쌓는 데 얼마나 수고스러웠을까. 진정한 아름다움은 땀 흘리는 정성에서 나온다는 것을 실감하게 된다.

  기단을 감상했으면 강당 마루에 올라가야 한다. 마루란 앉아서 앞을 바라보라고 만든 곳이다. 우리 전통 건축은 외부에서 건물을 바라봤을 때 아름답도록 지은 것이 아니다. 건물 안에서 바깥을 바라봤을 때 아름답게 짓는 것이 철학이었다. 서원은 그중에서도 경치 좋은 곳을 고르고 골라 지은 곳. 당연히 강당 마루에서 앞으로 펼쳐지는 경치를 보아야 한다. 낙동강을 사이에 두고 마주보는 산들이 일직선 축을 이루는 것을 볼 수 있다. 중정당 마루는 밑에서 볼 때와 달리 올라가면 예상 이상으로 넓고 시원하다.

  중정당 옆에는 돌 받침대가 하나 있다. 이름은 생단. 서원에서 제사를

아치처럼 둥글게 경사진 사당으로 오르는 계단

계단 중간에 콧구멍이 잘 생긴 조각이 버티고 있다

지낼 때 제수로 쓰는 짐승을 올려놓는 곳이다. 키 작은 굴뚝과 콤비처럼 서 있는 모습이 귀엽다.

뒤쪽은 사당이다. 서원의 설립 목적을 보여주는 상징적 공간이다. 사당 구역은 사당 건물보다도 사당으로 올라가는 돌계단이 하이라이트다. 정교하게 다듬지 않고 자연스런 모양을 살려 척척 쌓았는데, 재미있는 부분은 경사 각도의 처리다. 똑같은 각도로 올라가지 않고 처음에 가팔랐다가 다시 완만해진다. 그리고 계단 가장자리에는 조각으로 멋을 냈다.

이 계단을 오르면 다시 사당 공간 안으로 들어가는 계단이 나온다. 역시 둥글게 아치를 그리는 경사 각도가 이채롭다. 오르는 이들의 움직임에 일부러 변화를 주어 조금이라도 더 경건한 마음을 갖도록 하려는 건축가의 의도가 아니었을까. 그리고 재미도 주려 했던 모양이다. 가운데 문 앞 계단 중간에는 독특한 돌조각 하나가 버티고 있다. 콧구멍이 아주 잘 생긴 조각이다. 신성한 사당을 웃기게 생긴 조각이 지키며 방문객들에게 예의를 갖추라고 유쾌하게 이야기한다.

 도동서원이 서원 중에서도 건축가들 사이에서 특히 인기가 높은 이유는 이처럼 재미있고 독특한 구석들이 많아서다. 우선 이렇게 돌로 치장한 건물이 드물다. 서원 건축은 교육기관답게 건축물 자체 꾸밈새가 담백하고 소박한 것이 대부분인데, 이 서원은 제법 화려한 장식을 많이 집어넣었다. 그리고 해학적인 요소도 많다.
 다른 서원들과 달리 도동서원에만 유쾌한 돌조각이 많이 들어간 이유는 정확하게 밝혀지진 않았다. 기록을 보면 이 서원이 한 번 불타 다시 지을 때 전국 유생들이 돈을 모았다고 한다. 그런데 김굉필이란 중요한 인물을 모시는, 의미가 큰 서원이다 보니 애초 모으려던 돈보다 훨씬 더 많이 모였단다. 남은 돈을 돌려주거나 다른 일에 쓸 수도 있었겠지만 취지를 살려 서원 개축에 모두 쓰기로 했다는데, 그러다 보니 이렇게 다양하게 꾸밀 수 있는 여유가 생겼을 것으로 추측된다. 그래서 신성하면서도 해학적인 서원이 탄생했다. 도산서원이 품위 있고 웅장한 배지가 멋이라면 병산서원은 기막힌 풍경을 바라보는 만대루의 스케일과 호방함이 매력이다. 반면 도동서원은 아기자기한 장식들이 매력적이다.
 그런데 도동서원의 진짜 특별한 건축적 특징은 오히려 숨어 있다. 그 차이는 처음에는 눈치채기 어렵다. 만약 그림자를 본다면 비로소 알아차릴 수 있다. 도동서원은 동서남북 배치의 방향이 일반 서원과 완전 정

도동서원의 수월루와 강당, 남향이 아닌 북향이다

반대다. 강의실은 남쪽이 아니라 북쪽을 바라보고, 동재는 동쪽이 아니라 서쪽에 있고, 서재는 서쪽이 아니라 동쪽에 있다. 이 서원은 남향이 아니라 북향을 하고 있기 때문이다. 서원 자체가 소우주의 중심이 되고, 동서남북의 네 방위를 서원에 맞춰 재해석한 것이다. 한마디로 세상이 어떻든 나는 내 법칙대로 살아간다고 고고히 주장하는 건물, 좀 격하게 말하면 '오기의 건축'이라고 할 수 있다.

서원이 들어선 산이 남쪽에 있고 강이 북쪽에 흐르니 배산임수의 원칙을 따르려면 당연히 이렇게 짓게 되었을 것이다. 그러나 이 서원의 입지를 고른 이들은 굳이 다른 자리를 골라 남향으로 지을 수도 있었는데 방위가 정반대가 되는 이곳을 골랐다. 왜 그랬을까?

그건 아마도 이 공간을 만들게 한 그들의 우상, 김굉필 때문이었을 것이다. 김굉필은 실로 오기가 당당했던 인물이었다. 그런 이를 모시는 서원답게 서원 건축 역시 호방한 오기를 보여준다.

도동서원은 서원이 모시고 있는 김굉필 그 자체다. 김굉필을 위해 지은 건물이기 때문이다. 그래서 김굉필을 이해해야만 저 서원의 진정한 의미를 알 수밖에 없다. 김굉필은 한마디로 말하면 가히 '조선 최고의 고집쟁이'였다고 할 수 있다.

김굉필의 삶을 보면 일반적인 양반 선비들과는 전혀 달랐다. 어린 시절의 그는 쉽게 말하면 '노는 학생'이었다. 양반집 도령이 10대 시절 저잣거리에서 즐겨 놀았다는 기록이 나온다. 공부는 당연히 뒷전이었다.

그가 정신을 차린 것은 18세에 박씨 부인에게 장가를 든 뒤였다고 한다. 처가가 있는 합천에 가서 한훤당이란 집을 짓고 공부를 시작했다. 당시 다른 선비들과 비교하면 아주 늦은 시점이었다. 그리고 이곳에서 그의 인생과 운명을 비꾼 스승을 만난다. 합천에서 가까운 함안의 군수였던 김종직을 만난 것이다.

김굉필은 김종직을 스승으로 모시고 공부에 매진했다. 너무 출발이 늦다 보니 남들은 아주 어린 나이에 배우는 가장 기초 과목인《소학》을 그 나이에 배웠다. 그러나 뒤늦게 배운 대신 발동은 제대로 걸렸던 모양이다. 어릴 때는 그 뜻도 제대로 모르고 외우듯 읽었던 책들이 어른이 되어 읽으면 비로소 그 의미를 제대로 이해하게 되는 것처럼, 그는 나이가 들어 《소학》을 읽으면서 이 간단하고 쉬운 책에 담긴 내용이 얼마나 중요한 것인지 더 깊게 이해한 것이다.

그래서 그는 사서삼경이나 더 어려운 경전을 읽지 않아도 《소학》만 잘 깨우치기만 해도 웬만한 가르침을 다 이해할 수 있다고 말했다. 그리고 자신을 '소학동자'라고 불러달라고 했을 정도로 《소학》을 좋아했다고 한다.

늦게 배운 공부에 빠진 김굉필은 나이 마흔에야 관료 세계에 뛰어든다. 그리고 단숨에 조선 성리학의 중심인물이 된다. 학문이 아주 높지는 않았던 그가 신진 개혁 세력인 사림을 대표하는 인물로 부상한 데에는 그의 깐깐하고 지독한 성격이 크게 작용했다.

그는 남들 보기엔 정말 사람 질리게 하는 인물이었다. 김굉필은 부모의 삼년상을 무려 세 번을 치렀다. 조선 시대 양반이라면 누구나 삼년상을 치를 것 같지만 실은 그렇지 않았다. 부모 묘 앞에 간이 숙소를 마련하고 종들이 가져다주는 음식 먹으며 버티고만 있으면 된다고 해도 삼년상을 치르는 것은 실로 어렵고 힘든 일이었다. 그래서 보수를 주고 남에게 대신 시키는 경우도 많았다. 어쩌다 삼년상을 치르는 사람이 나오면 정말 대단한 효자 났다며 나라에서 상을 내릴 정도였다.

김굉필은 이 힘든 삼년상을 아버지, 어머니, 계모까지 세 번 치렀다. 그런 지독한 인물이니 남들을 비판하는 데에도 거침이 없었다. 비판당하는 기득권 거물들은 천하의 독종 김굉필에게 기 싸움에서 밀리며 아예 피해버리기 일쑤였다.

그러나 이 꼬장꼬장하고 과격한 성품 탓에 김굉필은 정적들에게 최우선 제거 대상이 될 수밖에 없었고, 험난한 인생 역정을 살아야 했다. 연산군 4년, 무오사화가 일어나면서 김굉필은 그 유명한 김종직의 〈조의제문〉 사건에 휘말린다. 〈조의제문〉은 김굉필의 스승이었던 김종직이 세조가 죽인 단종을 중국 초나라 항우가 죽인 의제에 빗대 세조를 비판했던 글이다. 원래는 잘 알려지지도 않았던 글인데 정치 싸움이 벌어지면서 지나간 이 글이 새삼 문제가 되었고, 당시 훈구파는 김굉필 등 사림들을 공격해댔다. 김굉필은 곤장 80대에 평안도 귀양이란 벌을 받고 5년 동안의 짧은 관직 생활을 마친다.

그리고 6년 뒤, 김굉필은 갑자사화가 벌어지면서 결국 목숨까지 잃는다. 갑자사화는 연산군의 생모 윤씨가 폐비될 때 찬성했던 사람들을 뒤늦게 처단한 사건이었다. 오래전 일을 끄집어낸 것은 당연히 정치권의 힘겨루기 때문이었는데, 김굉필은 김종직의 수제자였다는 이유로 사약을 받아야 했다. 김굉필은 이미 오래전에 세상을 떠난 스승의 뜻을 따르겠다며 사약을 받아들였다. 스스로 목숨을 끊은 것이나 마찬가지였다. 사림 최초의 순교자가 된 것이었다.

당대에 이렇게 모진 수난을 당한 김굉필은 이후 사림이 힘을 얻으면서 한국 성리학의 적통을 잇는 대표자이자 숭배의 대상으로 거듭난다. 광기에 사로잡혔던 연산군이 중종반정으로 물러난 뒤 정권을 잡은 사림의 대표였던 조광조는 그의 우상이었던 김굉필 복권에 나섰다. 세상을 떠난 뒤 그는 영의정으로 추증됐고, '동방오현'의 한 명으로 숭상받게 된다.

동방오현은 우리나라 성리학 최고 인물 다섯 명을 꼽은 것이다. 이 다섯 명은 시대순에 따라 서열이 정해져 있는데, 맨 마지막 5등 격이 퇴계 이황이다. 그 위로 회재 이언적이 네 번째, 당대 최고 인물이었던 조광조가 세 번째, 두 번째가 대학자 일두 정여창이다. 그리고 최고 인물인 첫 번째가 바로 김굉필이다. 우리가 잘 아는 율곡 이이나 우암 송시열도 동방오현에는 포함되어 있지 않다. 그야말로 조선을 지배한 성리학이 가장 숭배하는 인물이 김굉필이었던 것이다.

학문으로 보면 김굉필은 정여창이나 이황에게 비길 바는 아니었다. 그랬음에도 그가 동방오현의 첫머리에 오른 것은 그의 강인한 신념과 비장한 죽음이 남긴 인상이 워낙 강렬했던 덕분이었다. 그가 남긴 책들이 사후 모두 불태워져 지금 그의 학문 세계와 철학에 대해 접할 길은 없지만 그는 조선 성리학의 흐름에서 가장 중요한 인물로 평가받고 있다.

도동서원은 이 깐깐하고 거침없었던, 그 덕분에 조선 후기 모든 선비들이 가장 높게 떠받들었던 김굉필에게 바친 집이다. 그의 진면목이 그가 쓴 글이 아니라 죽음을 불사한 의지에서 나오듯, 도동서원의 본질도 건축적 아름다움이 아니라 존경하는 스승을 기리기 위해 뜻을 모으고 건물을 지은 후학들의 정신에서 나온다. "성리학의 '도'가 (중국에서) '동'

쪽(조선)으로 왔다"는 도동서원의 이름 뜻은 지독하게 투철했던 김굉필에 대한 조선 사림들의 애정과 자부심을 그대로 보여준다.

  사람은 어떤 말을 하느냐가 아니라 어떤 일을 하느냐, 그리고 어떻게 죽음을 맞이하느냐로 판단된다. 김굉필은 정적들에겐 지독한 적이었지만 그의 뜻을 따르는 후학들에겐 위대한 실천가였다. 도동서원은 서원이란 독특한 건축 장르가 진정 담아내고자 하는 것이 무엇인지, 지금 서원을 찾아가는 우리가 서원에서 진정 느껴보아야 할 것은 무엇인지 전하고 있다.

  서원 건축은 처음부터 화려한 아름다움 따위는 거들떠보지 않는다. 평생 모시고 존경할 학자의 뜻을 세우는 것, 이것이 서원의 목표였다. 그래서 소박하면서도 지성적인 건축을 추구했다. 이런 서원 건축의 이상을 가장 잘 보여주는 서원이 도동서원이다. 그리고 김굉필을 모신 서원답게 오기와 자존심까지 담아냈다. 이 작은 서원은 그래서 더욱 도드라진다.

오기와 자존심, 죽음을 불사한 의지를 보여준
실천가 김굉필에게 바친 집

도동서원

시드니 오페라하우스의 지붕 표면

분노와 저주의 건축,
건축주와 건축가를 원수로 만든 집

시드니 오페라하우스

건축은 예술이라고 잘라 말하기 어렵지만 예술적인 분야인 것은 틀림없다. 예술적인 감동이 목표라면 굳이 건물을 지을 필요는 없다. 처음부터 조형물을 만들면 되기 때문이다. 그럼에도 건축은 예술적인 것이 된다. 건축비평으로 퓰리처상까지 받은 건축학자 폴 골드버거의 말처럼 "건축은 비바람을 막아주는 데서 그치지 않고 거기서 더 나아갈 때, 또한 세상에 관해 무엇인가를 말하기 시작할 때, 즉 예술의 특성을 띠기 시작할 때 중요해지기 시작"한다. 그저 실용적이기만 한 건물을 넘어서려는 것, 그것이 곧 건축이라고 할 수 있다. 사람들은 좋은 건물을 만나

면 감동을 받게 되고, 건축가들은 그런 감동을 주는 작품을 만들려는 이들이다.

그러나 이런 건축의 이상이 현실에서 실현될 때 꼭 행복하고 감동적인 결과가 보장되는 것은 아니다. 때로는 최악의 결과가 나오기도 한다. 건축주에게는 자기 집이 예술적이면 좋겠지만 그 이전에 편리하고 안락한 곳이 되는 것이 먼저다. 예술과 현실을 동시에 만족스럽게 구현하는 것은 어렵고 힘든 일이다.

실제 건축의 역사에 이름을 남긴 중요한 건물들을 보면 건축가에겐 대표작이 되었어도 건축주에겐 최악의 선택이 된 것들이 드물지 않다. 예술적으론 뛰어나도 주거 공간으론 불편한 집인 경우다. 이 바람에 건축주와 건축가가 철천지원수가 된 사례도 어렵잖게 찾을 수 있다. 건축가에겐 일생 동안 설계하는 여러 작업 중 하나지만 건축주에겐 일생에 한 번 시도하는 평생의 작업이 집짓기다. 그 집이 불편하다면 건축주에겐 일생일대의 골칫거리가 될 수밖에 없다. 그럴 경우 건축주와 건축가는 당연히 원수가 되어버린다.

재미있는 점은 건축주와 건축가는 서로 철천지원수처럼 사이가 틀어지게 된 그런 집이 건축적으로는 유명한 작품이 되는 경우도 종종 있다는 점이다. 현대 건축에서 가장 유명한 주택으로 꼽히는 '빌라 사부아'와 '판스워스 주택'이 대표적이다. 두 집 모두 세계적 명소가 되었지만 정작 건축주들은 건축가에게 평생 저주를 퍼부었던 후회막심한 집들이었다.

가족끼리 행복하게 살 집을 원했던 건축주에게 지독하게 자기중심적이었던 르코르뷔지에의 빌라 사부아는 단연 최악의 건축물이었다

빌라 사부아는 근대 건축의 아버지로까지 불리는 거장 르코르뷔지에가 사부아 가족의 의뢰를 받아 1929년 프랑스 파리 근교에 지은 단독주택이다. 르코르뷔지에의 초기 건축 철학을 잘 보여주는 작품으로, 20세기 건축물 중에서 이 집처럼 유명한 집은 없다고 해도 과언이 아니다. 그럼에도 불구하고 건축주가 가장 극심한 고통을 받았던 집이다.

르코르뷔지에는 현대가 되면서 건축의 재료와 공법이 모두 철근 콘크리트로 바뀌었고 자동차가 등장하면서 생활방식도 바뀌었으니 건축도 이런 변화에 맞게 변해야 한다고 굳게 믿었던 건축가였다. 그는 이런 생각에서 뽑아낸 '근대건축의 5가지 원칙'을 주장했다. 건물 1층은 기둥으로 땅에서 띄워 자동차가 건물 아래에 드나들 수 있게 하는 '필로티',

건물을 대지에서 자유롭게 띄우는 대신 옥상도 조경을 해서 자연을 즐길 수 있게 꾸미는 '옥상 정원', 건축물 내부에서도 사람들이 완만한 동선을 통해 거닐면서 건물과 자연을 바라볼 수 있는 '건축적 산책로', 철근 콘크리트로 집을 짓게 되면서 내부 공간에 건물을 지지하는 벽과 기둥이 불필요해졌으므로 거주자가 실내를 자유롭게 구획할 수 있게 하는 '자유로운 평면', 역시 벽이 건물을 지탱하므로 세로로만 뚫었던 창을 가로로 길게 처리해 조망을 즐기면서 더 많은 빛을 실내로 받아들일 수 있는 '가로로 긴 창' 등이 그 원칙이었다. 그는 이 5가지 원칙을 빌라 사부아에서 완벽하게 실현했다. 그의 주장은 거의 100년이 지난 지금 들어도 여전히 매력적이고 그럴듯하며, 실제 그가 설파했던 이 원칙들은 지금도 많은 건축물에서 시도되고 있다.

그럼에도 집주인 사부아 가족이 평생 후회하며 원망했던 것은 이 집이 건축주가 아니라 건축가를 위한 집이었기 때문이었다. 르코르뷔지에가 자기의 새로운 생각만을 고집하는 바람에 살기엔 불편하고 시공도 부실해 많은 하자가 발생했다.

우선 르코르뷔지에는 집의 모든 부분에 대해 건축주 식구들에게 간섭했다. 가구 하나하나의 위치까지 모두 지정해주고 쓰는 방식까지 간섭했다. 건축주 가족으로선 자기 집인데도 건축가가 정해준 방식대로 살아야 한다니 당연히 충돌이 생길 수밖에 없었다.

더 큰 문제는 물이 너무 많이 새는 것이었다. 르코르뷔지에는 디자인이 돋보인다는 이유로 건축주 부부의 반대에도 지붕을 물매 없이 평평하게 설계했다. 그러나 가족들이 새 집에 입주하자마자 지붕에서 물이 새기 시작해 아들이 폐렴에 걸리고 만다. 이후로도 몇 년 동안 계속 물이 새는 등 불편한 점은 한두 가지가 아니었다. 사부아 가족은 이 집을 "사람이 살 수 없는 집"이라며 건축가를 고소할 생각까지 했는데, 얼마 뒤 전쟁이 터져 르코르뷔지에로선 다행히 고소를 당하는 일은 피할 수 있었다.

르코르뷔지에를 사로잡았던 것은 현대의 새로운 기계 기술이었다. 건축은 주거용 기계이기도 하니 그가 기계 같은 건축을 꿈꾼 것은 이해 못할 바는 아니다. 하지만 빌라 사부아는 미학적 기계였을 뿐 쓸모 있고 편안한 기계는 결코 아니었다. 기계는 불필요한 것이 없고 정직하게 자신을 드러낸다. 그러나 건축은? 건축은 쓸모 있는 것과 없는 것의 조화가 만들어내는 묘한 작업이다. 그리고 아름다움 이전에 사는 사람에게 편안한 것이어야 한다. 건축가가 자기 철학에 맞지 않는 것들을 모두 제거해버린 진공 상태의 건축이었으니 빌라 사부아는 건축주에겐 도저히 살 수 없는 집이었다.

르코르뷔지에의 유별난 성격도 한몫을 했다. 그는 지독하게 자기중심적이었고, 자기의 건축관에 지나칠 정도로 확신을 가졌던 사람이었다. 그의 작품들을 보면 건축 개념과 이상을 실현하기 위해 다른 요소들을 희생시킨 것들이 많다. 그러나 그가 자기 어머니를 위해 지은 작은 집은 결코 그렇지 않았다. 아주 작으면서도 집의 세밀한 구석구석에 애정과

'적을수록 좋다'라는 명언을 남긴
미스 반데어로에의 판스워스 주택 역시 비인간적인 집이라는
평가와 함께 '현대판 프로크루스테스의 침대'라 불린다

배려가 넘쳐난다. 그러면서도 다른 사람의 집을 지을 때에는 온갖 불편한 부분들을 이론의 이름으로 마구 적용했으니 가족끼리 행복하게 오순도순 살 집을 원했던 건축주에게 그는 단연 최악의 건축가였다.

르코르뷔지에와 함께 근대 건축 최고의 거장으로 꼽히고, 전 세계 수많은 건축가들에게 실로 엄청난 영향을 남긴 미스 반데어로에의 '판스워스 주택'도 빌라 사부아 못잖게 건축주를 분노하게 만든 집이었다. 미스 반데어로에는 "적을수록 좋다Less is more"란 명언으로 유명하다. 모든 것을 덜어낼 수 있는 극한까지 덜어내 가장 간단하면서도 가장 보편적인 공간을 만드는 것이 그의 철학이었다. 판스워스 주택은 이런 지론을 가장 확실하게 추구했던 건물이었다.

사진으로 보면 집은 환상적이다. 하얀 철골조로 최소한의 구조를 만들고, 모든 면을 전면 유리로 시원하게 처리했다. 아름다운 숲 속에 이 기하학적인 집이 있는 모습은 시적이기까지 하다.

그러나 이 집은 보기에는 근사해도 사부아 주택 이상으로 불편한 집이었다. 전면 유리가 아무리 시원해 보여도 그 안에 사는 사람으로선 사생활이 그대로 노출되기 때문에 그림의 떡일 뿐이었다. 게다가 철과 유리로만 지었으니 여름에는 찜통처럼 덥고 겨울에는 아무리 불을 때도 추울 수밖에 없었다. 빌라 사부아의 건축주는 그래도 건축가에게 최대한 이성과 감정을 억제하려는 편이었지만, 판스워스 주택의 건축주인 의사 판스워스 박사는 대놓고 건축가를 비난했다. 세상에 이렇게 살기 힘들고 더운 집은 없을 것이라고 두고두고 미스 반데어로에를 공개적으로 욕했다.

판스워스 주택은 전문가들 사이에서도 평가가 극도로 갈렸다. 집이라기보다는 기둥 몇 개로만 짜 맞춘 간단한 구조체였던 탓이다. 미스 반데어로에를 추종하는 이들은 이 집을 데카르트 기하학의 미학과 모더니즘 건축의 이상을 응축한 기념비적 건물이란 평했지만, 반대편에선 건축가의 오만을 이처럼 잘 대표하는 집도 없을 것이라고 신랄하게 성토했다. 율리우스 포제너 같은 이는 이 집을 "야시장의 점포"라고 비웃었다. 루이스 멈포드 같은 최고의 이론가들도 건축가의 욕망만 중시한 비인간적인 집이라고 평했다. 어떤 이들은 이 집을 '현대판 프로크루스테스의 침대'라고 부르기도 했다. 고대 그리스 신화에서 지나가는 사람들을 유인

해 침대에 묶은 뒤 키가 침대보다 길면 다리를 자르고, 키가 침대보다 작으면 몸을 잡아당겨 사람을 죽였다는 도적 프로크루스테스의 이야기처럼, 사는 사람에 맞게 집을 지은 것이 아니라 억지스러운 집에 사람이 맞춰 살아야 한다는 비판이었다.

빌라 사부아와 판스워스 주택은 건축가의 고집이 건축주들을 분노하게 만든 집이다. 특히 살림집이었기 때문에 건축주들은 더욱 화를 낼 수밖에 없었다. 그럼에도 두 집이 걸작으로 인정받는 것은 건축과 예술의 관계, 그리고 건축이란 장르의 독특한 특성을 보여주기도 한다.

그러나 이 두 집보다 더 화끈하게 건축주와 건축가가 싸운 사례가 있다. 단독주택이 아니라 거대한 공공건축이어서 양쪽의 싸움은 더 처절하고 파장도 컸다. 건축주 이상으로 건축가가 분노했던 점도 조금은 달랐다. 더욱 독특했던 것은 사공이 많았는데도 배가 산으로 가지 않고 정확하게 목표한 곳으로 가서 걸작 건축물이 된 특별한 경우다. 세상에서 가장 유명한 건축물, 오스트레일리아를 대표하는 건물인 시드니 오페라 하우스 이야기다.

시드니 오페라하우스는 현대판 피라미드 같은 건축물이다. 이 건물은 싫어하는 사람이 없을 만큼 모두가 좋아하는 건축물이란 점에서 피라미드만큼이나 특별하다. 또한 이 건물처럼 랜드마크 건축의 이상을 잘 실현한 건물도 없다. 건물 하나가 나라를 대표할 수 있다는 것을 가장 성공적으로 입증했다. 이 건물을 보고 수많은 나라들이 자국을 대표할 랜드마크 문화시설을 따라 지었다.

시드니 오페라하우스가 완공된 것은 1973년, 한국에선 서울 남산에 국립극장이 지어졌던 해다. 그리고 이 건물은 불과 18년 만인 1995년 유네스코 세계문화유산으로 지정됐다. 현대 건축물로 유네스코 문화유산이 된 경우는 이 건물 말고는 찾아보기 어렵다. 그만큼 이 매력적인 건물은 높은 평가와 대중적 인기를 동시에 얻었다. 당연히 이 건물을 설계한 건축가도 최고의 스타가 되었다. 덴마크 건축가 이외른 우촌이 그 주인공이었다.

한 나라를 상징하는 초대형 건축물 설계를 맡는 것은 긴축가에겐 최고의 영광이다. 그러나 우촌에게 시드니 오페라하우스는 '버린 자식'이나 다름없었다. 아니, 우촌은 자식에게 버림받은 부모나 마찬가지였다. 시드니 오페라하우스가 완공될 때 우촌은 그 명예로운 자리에 없었다. 그는 건물을 짓는 도중 현장을 떠나면서 다시는 이 건물을 보러 시드니로 오지 않겠나는 결심까시 했다.

시드니 오페라하우스 같은 국가적 건축물은 건축주가 국가다 보니 짓는 과정에서 여러 가지 변수들이 많이 생겨나 건축가를 간섭하는 일이 자주 일어난다. 랜드마크 건물들 대부분이 정치적인 목적으로 만들어지기 때문에 일어나는 구조적 현상이다. 건축가가 자기 창조물과 인연을 끊었던 것은 시드니 오페라하우스는 예술혼을 추구하는 건축가와 막대한 비용을 걱정해야 하는 건축주인 정부 사이에서 건축사에 남은 극한 대립이 벌어졌기 때문이었다.

시드니 오페라하우스가 들어선 베넬롱곶은 유럽 백인들이 오스트레일리아에 와서 처음 정착한 곳 중 하나였다. 오스트레일리아 뉴사우스웨일스 정부는 이곳에 오스트레일리아를 대표할 오페라하우스를 짓겠다는 야심찬 계획을 세우고 국제 설계경기를 벌여 건축가를 뽑았다. 이름은 오페라하우스였지만 실제로는 문화센터라 불러야 맞는 복합 거대 문화시설이었다.

전 세계에서 200여 명의 건축가들이 비장의 아이디어를 담은 설계안을 들고 이 공모에 달려들었다. 그리고 1957년 1월 세계 건축계의 관심이 집중된 이 공모의 우승자가 발표됐다. 유명하지도 않고 나이도 젊은 서른아홉 살 덴마크 신예 건축가 이외른 우촌이었다.

우촌의 당선안은 실로 파격적인 모양이 인상적이었다. 거대한 조개껍질을 연상시키는 하얀 구조체들이 여러 겹으로 겹치는 그의 디자인은 범선의 하얀 돛처럼 보이기도 했고, 또는 하얗게 부서지는 큰 파도를, 아니면 구름을 떠올리게도 만들었다. 보는 사람마다 서로 다른 무언가를 떠올리게 하는 오묘하고 모호한 모습이었다. 어떤 이는 투구를, 또 다른 이는 수녀의 모자를 연상하기도 했다. 날아오르는 새의 모습이란 의견도 있었다. 가장 엽기적인 해석으로는 하얀 바다거북이 교미를 하는 모

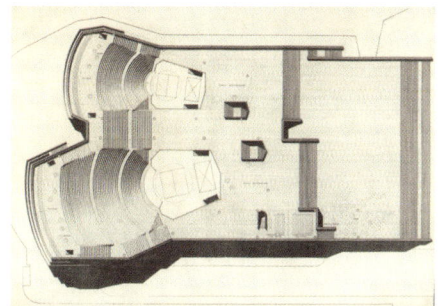
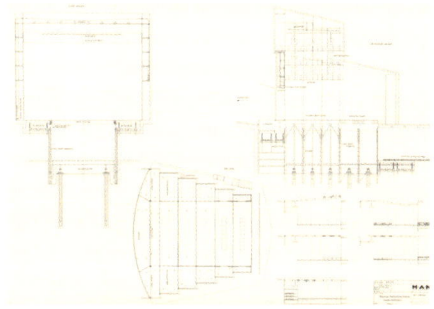

오페라하우스의 건축가 이외른 우촌의 설계 스케치들

습을 떠오르게 한다는 것까지 나왔다.

　이런 다양한 연상을 불러일으키는 것은 오페라하우스의 독특한 디자인 때문이었다. 건물은 정면이 따로 없고, 구조에도 구분이 없었다. 하얗게 포개지는 거대한 고깔 모양은 그 자체로 벽이자 지붕이자 창문이 된다.

　이 놀라운 디자인 아이디어는 어디에서 나왔을까? 우촌은 오렌지 껍

질을 벗기다가 문득 그 모양을 뚫어지게 바라보고서는 아이디어를 얻었다고 한다. 일상 속 사소한 것을 놓치지 않고 포착한 새로운 아이디어로 그는 단숨에 세계의 주목을 받는 스타로 탄생하게 됐다.

그러나 이 기발한 건물이 실제 완성되기까지는 우촌 자신은 결코 예상하지 못했던 오랜 시간이 걸려야 했다. 우촌이 원래 예상한 공사 기간은 2년이었다. 그런데 공사 시작부터 꼬이기 시작했다. 들어설 땅의 기반이 문제가 되면서 공사 기간은 하염없이 늘어났다. 그다음에는 파격적인 구조를 실현할 수 있는 엔지니어링 해법을 찾는 것이 과제였다. 또한 부대시설과 진입부 처리 문제도 쉽게 풀리지 않아 건축주와 건축가는 마찰을 빚기 시작했다.

공사비가 예상치 못하게 늘어나다 보니 예산의 압박이 심해졌고, 건축주 뉴사우스웨일스 정부는 우촌의 초기 아이디어를 일부 없애거나 수정하려 했다. 자기 아이디어를 변경하려 하자 우촌은 건축가의 자존심으로 맞섰다. 짓는 데 너무 오래 걸린다는 비판에는 "노트르담 성당도 짓는 데 100년 넘게 걸렸다"고 반박했고, 왜 주차장은 설계하지 않았느냐는 지적에는 "파르테논 신전에도 주차장은 없었다"고 맞받아쳤다.

그러는 사이에도 비용은 계속 불어났다. 요즘에도 이런 초대형 공공건축물은 건축 비용이 애초 추산했던 예산보다 두세 배씩 늘어나는 일이 다반사다. 하지만 시드니 오페라하우스 예산은 실로 어마어마하게 늘어났다. 처음 잡았던 예산은 350만 달러였는데 최종 비용은 5,700만 달러까지 치솟았다.

2년 계획의 공사 기간은 16년으로 늘어났고,
건축 비용은 15배나 치솟았다

　건축가의 잘못만은 아니었어도 비용이 15배나 초과되었으니 건축주는 비명을 지를 수밖에 없었다. 결국 주정부는 내부 시설에 들이는 돈을 줄이는 변경안을 내놓았다.
　건축에 대한 열정과 이상으로 똘똘 뭉친 젊은 건축가는 도저히 받아들일 수 없다며 이 제안을 거부한다. 건물을 짓기 시작한 지 9년째에 접어든 1966년, 우촌은 결국 프로젝트에서 빠지라는 압력을 받아들여 수석 건축가 자리를 사퇴한다.

　자기 작품 설계에서 쫓겨나게 된 우촌은 다시는 이 건물로 돌아오지 않겠다고 다짐했다. 우촌에 이어 설계를 맡은 이는 오스트레일리아의 젊은 건축가들이었다. 예산을 줄이기 위해 정부와 새 건축가들은 우촌의 원안을 축소, 삭제했다. 그럼에도 공사는 하염없이 길어졌고, 우촌이 떠난 지 다시 7년이 지난 뒤, 공사를 시작한 지는 16년이 흐른 뒤에야 시드니 오페라하우스는 완공될 수 있었다.

완공식에는 영국 여왕 엘리자베스 2세를 비롯해 수많은 명사와 관련자들이 모두 참석했다. 물론 우촌은 없었다. 우촌과의 계약이 악몽과도 같았던 오스트레일리아 쪽은 우촌을 개관식에 초청하지도 않았고, 그의 이름을 언급조차 안 했다. 우촌은 이 건물이 완공된 모습을 사진으로만 봤다.

오페라하우스는 애초 건축가가 구상한 모든 계획대로 지어지지 못했고, 오랜 세월 건축주를 괴롭힐 대로 괴롭혔지만 그 대가는 확실하게 해냈다. 거대한 지붕 열 개가 포개지면서 만들어내는 모습은 환상적인 조각 작품과도 같았다. 지붕이자 벽이 되는 하얀 구조체는 두께가 5미터에 이르고, 가장 높은 것은 높이가 60미터에 이른다. 시드니 오페라하우스는 오스트레일리아의 상징이 되어야 한다는 목표를 완벽하게 이뤄냈다.

이 말도 많고 탈도 많았던 건물을 짓는 과정에서 벌어진 이야기는 훗날 한 오페라 속에 들어가기도 했다. 시드니 오페라하우스를 소재로 한 앨런 존의 〈여덟 번째 기적〉이란 오페라였다. 이 오페라는 1995년 이야기의 무대인 시드니 오페라하우스에서 초연됐다.

그리고 세월이 어느 정도 흐르면서 우촌과 오스트레일리아의 끔찍했던 관계에도 조금씩 변화가 생기기 시작했다. 화해의 제스처는 오스트레일리아가 먼저 건넸다.

거대한 지붕 열 개가 포개지면서 환상적인 모습을 만들어낸다

1997년 건물 완공 20주년을 맞아 오페라하우스는 대대적인 보수에 들어갔다. 바닷가에 지은 건물이어서 소금기 배인 바람을 맞아 외벽 상태가 악화되었기 때문이었다. 2000년 시드니올림픽을 앞두고 국가적 상징인 이 건물을 다시 아름답게 꾸밀 필요도 있었다. 당시 시드니올림픽 엠블럼을 이 건물 이미지로 디자인했을 정도로 오페라하우스는 시드니의 상징이었다. 건축물이 그 나라 국기에 들어간 것은 캄보디아의 앙코르와트가 유일하고, 올림픽 엠블럼에 들어간 것은 시드니 오페라하우스가 유일하다.

보수 작업에만 650만 달러가 투입된 오페라하우스는 한층 업그레이드되어 1997년 완공 20주년 기념식을 열며 보수를 자축했다. 이때 오스트레일리아 쪽에서 비로소 우촌을 기념식에 초청했다. 그러나 우촌의

오페라하우스를 형상화한 2000년 시드니올림픽 엠블럼

분노는 여전히 다 식은 것이 아니었고, 그는 초청을 거절했다.

평생 자존심을 지켰던 우촌은 이후 다른 여러 작품을 남기고 은퇴한 다음 철저하게 대중이나 언론과의 접촉을 피하면서 은둔했다. 그러나 애증이 교차했던 자기의 대표작을 끝까지 외면하지는 않았다. 2000년대 초반, 팔순 노인이 된 우촌은 시드니 오페라하우스를 리노베이션하는 개축 공사에 결국 참여하기로 결정했다. 그가 설계 도중 사임한 지 30여 년이 흐른 뒤였다. 그가 직접 설계한 우촌룸이 2004년 건물 안에 완성됐다.

우촌은 개축 작업에 참여했지만 다시는 오스트레일리아에 돌아가 이 건물을 보지 않겠다고 했던 선언은 끝까지 지켰다. 자기 이름을 딴 우촌룸이 문을 연 4년 뒤인 2008년, 끝내 이 건물을 보지 않고 눈을 감았다.

건축주와 건축가의 싸움이, 건축가와 자기 피조물인 건축물의 사이가 이 건물처럼 틀어지고 꼬였던 경우는 지금까지도 드물다. 건축주의 분노, 건축가의 분노가 쌓여 완성되었음에도 건축 역사상 가장 성공한 건물이 되었다는 것, 그래서 시드니 오페라하우스는 미스터리한 축복을 받은 건축물이다.

건축주와 건축가의 분노가 쌓여
만들어진 오페라하우스는
건축 역사상 가장 성공한
건물이 되었다

시드니 오페라하우스

대중의 분노, 건축가의 치욕, 한국에서 가장 많은 욕을 먹은 건물

옛 부여박물관

영화계에서 떠도는 이야기 가운데 "영화가 히트 치려면 기사가 신문 문화면이 아니라 사회면에 나야 한다"는 말이 있다. 기존 영화팬들만이 아니라 평소 영화를 잘 안 보던 사람들까지 관심을 가질 때 신문 사회면에 나기 때문이고, 그래서 문화 기사로 다룰 때보다 더 큰 파급력을 지니게 된다는 말이다.

하지만 건축에선 정반대다. 건축은 신문에서 잘 다루는 아이템이 아니다. 건물이 좋으면 가끔 신문 문화면에 소개된다. 반면 건축이 사회면에 날 경우는 거의 대부분 부정적인 경우다. 우리 건축에서 신문 사회면

김수근　　　　　　　　　김중업

에 대문짝만 하게 나와 사회적 이슈가 되었던 거의 첫 번째 사례가 건축가 김수근의 작품이었던 옛 부여박물관이었다. 한국 건축 역사상 가장 많은 욕을 먹은 건물이라고 해도 과언이 아니다.

　한국 건축을 말할 때 정말 지겨울 정도로 거론되는 이름이 1세대 양대 스타 건축가인 김수근(1931~1986)과 김중업(1922~1988)이다. 이 두 명 중에서도 더 유명한 사람은 단연 김수근이다.
　김수근이 누군지 모를 수 있어도 대한민국 국민이면 김수근의 작품을 접하지 않기가 불가능하다. 건축 전문가들은 미학적 기준을 중시해 김수근의 대표작으로 서울 원서동의 공간사옥이나 기도하는 손 모양을 연상시키는 경동교회, 서울 불광동성당 등을 꼽지만 김수근을 더 쉽게 설명하는 건물들은 누구나 다 아는 대형 국가적 건축물들이다. 서울 잠실의 올림픽 주경기장, 올림픽공원 체조경기장, 이젠 철거된 종로의 세운상가, 대학로의 아르코극장과 미술관, 서대문 경찰청, 서초동 법원청사, 그리고 남산 자유센터와 타워호텔, 강남 라마다 르네상스 호텔 등이 그가 남긴 작품들이다. 지하철 역사 중에서 특별하게 돌로 실내를 꾸민 서울지하철 3호선 경복궁역도 그가 설계했다.

　김수근은 일본에서 건축을 배우고 돌아온 유학파로, 귀국하자마자 단숨에 한국 건축 최고의 스타로 떠올랐다. 그의 최고 강점은 인맥 네트워크였다. 정·관계와도 탁월하게 교분을 나누면서 중요하고 굵직한 국가적 공공건축 설계를 휩쓸었다. 전두환 군사독재 시절 최악의 사건 중 하나였던 '박종철 열사 고문치사 사건'이 벌어졌던 남영동 대공분실을 설계한 이도 김수근이었다. 김수근으로선 그곳에서 박종철을 고문해 죽일 것을 알 도리가 없었겠지만, 그가 하도 많은 정부 건물을 설계했고 대공분실까지 그의 작품이다 보니 김수근은 훗날 독재 권력과 유착했던 것이 아니냐고 두고두고 욕을 먹게 된다.

　김수근의 여러 대표작들 가운데에서도 가장 논란이 컸던 작품이 부여박물관이었다. 흥미로운 점은 이 건물이 스스로 유명해진 것이 아니라 타의에 의해 유명해졌고, 지금은 정반대로 거의 완전히 잊힌 건물이 되어버렸다는 점이다. 건물의 용도 역시 처음 지을 때의 목적과는 달리 다른 것으로 바뀌어버렸다. 그런 점에서 건축 역사상 가장 기구한 팔자의 건물일지도 모르겠다.

한국 건축 역사상 가장 기구한 팔자를 지닌 옛 부여박물관

 지금은 국립문화재연구소 건물로 쓰이는 옛 부여박물관이 지어진 것은 1967년, 김수근의 나이 30대 중반이었을 때였다. 혈기 넘치는 젊은 건축가가 시도할 법한 대담한 디자인은 지금 봐도 파격적이다. 실제로 보면 박물관이었다는 게 오히려 놀라울 정도로 작은 건물이다. 건물 규모는 실제 2층에 불과하다. 그럼에도 웅장하고 커 보인다. 강한 지붕 디자인이 웅장함을 강조하는 덕분이다. 건물 디자인의 핵심이 이 사람 인人 자 모양으로 만나는 지붕선이 만들어내는 모양에 있다. 이 디자인 하나로만 승부한 건물이라고 볼 수 있다. 그리고 문제가 일어난 것도 바로 이 디자인 때문이었다.

 부여박물관은 건립 과정에서 대단한 사회적 논란을 불러일으켰다. 지금까지도 한국 건축 역사상 이 건물처럼 시끄러웠던 건물은 없었다. 신문에서 건축 기사가 톱뉴스로 다뤄진 경우는 손으로 꼽기 어려울 정도

2층짜리 건물이지만 지붕 디자인 덕분에 웅장한 느낌이 든다

로 적은데, 80년대까지 그런 사례는 이 건물과 독립기념관뿐이었다. 독립기념관이 대문짝만 하게 기사가 났던 이유는 공사 도중 불이 나서 지붕이 홀랑 타버렸기 때문이었다. 물론 건축가의 잘못이 아니라 시공업체의 잘못이었던 경우다. 반면 부여박물관은 이보다 더 근본적인 문제, 건축가의 건축관에 대한 논란 때문에 이슈가 됐다.

부여박물관은 두 가지 디자인 요소 때문에 논란이 됐다. 이 건물이 일본 건물을 닮아 보인다는 '왜색 논란'이 일어난 것이다. 그리고 이 문제를 지적한 이가 특별한 사람이었던 점도 화제였다. 김수근과 함께 당시 한국 건축을 대표했던 스타 건축가이자 김수근 최대의 라이벌인 선배 건축가 김중업이 이 건물을 비판하면서 논란이 확산됐다.

김중업은 이 건물의 지붕 디자인이 일본 신사의 '지기千木'를 닮았다

일본 신사 건물의 지기

부여박물관의 지붕 디자인

는 지적을 제기했다. '지기'는 일본 신사나 신궁 건물의 지붕 끝에서 나무가 X자로 교차하는 부분이다. 한국이나 중국 건축물과 달리 일본 전통건축에서만 나타나는 특징이다.

> 부여 박물관의 설계도를 면밀히 검토해본 결과 몇 가지 근본적인 문제를 제기하지 않을 수 없다.
>
> 결론부터 한마디로 말하면 이 건물은 일본 신사神社의 디포르메라는 인상이 확연하다.
>
> 내가 보건대 김군은 일본에서 공부하면서 받은 영향을 충분히 여과시켜서 내면화하고, 다시금 우리의 전통을 깊이 연구하고 정관靜觀하여 독자적인 창작의 길을 열었어야 하는 그의 과제를 철저하게 수행하고 있지 않은 것 같다.
>
> ― 김중업,《중앙일보》1967년 9월 2일

지기는 지붕 가장자리 기둥이 더 길게 튀어나와 교차하기도 하고, 따로 장식으로 만들어 얹기도 한다. 저 지기란 장식이 일본 신사 건물을 다른 건물들과 구별 짓게 만드는 역할을 한다.

그러면 이제는 옛 부여박물관 건물을 보자. 그 모양은 조금 다르지만 일본 신사의 느낌과 닮아 있었던 점은 분명해 보인다.

두 번째 문제가 된 것은 건물 입구 문 모양이었다. 역시 일본의 상징이라고 할 수 있는 '도리이鳥居'를 닮았다는 비판이 제기됐다.

도리이는 일본에만 있는 상징물로, 신성한 곳임을 알리는 표지다. '하늘 천天'자 모양을 형상화했다고도 하는데, 그 유래에 대해서는 고대 인도의 트라나의 영향이란 설부터 한국의 솟대에서 영향받았다는 설까지 다양한 추측들이 있다. 좌우지간 이게 있으면 신성한 곳이로구나, 생각하면 된다. 일본 어디를 가나 이 도리이를 쉽게 볼 수 있고, 그래서 일본을 상징하는 이미지 아이콘이다.

지금은 정문을 사용하지 않아 나무에 가려 그 모습이 잘 보이지 않지만 입구 위에 올린 장식이 일본의 도리이와 비슷하다는 것이 논쟁거리였다. 실제 디자인은 도리이와 무척 흡사하다.

이런 점 때문에 부여박물관은 일대 논쟁에 휩싸였다. 건물을 지은 시기는 1967년 무렵, 일본의 지배에서 벗어난 지 불과 20여 년 밖에 지나지 않은 시점이었다. 한국을 대표할 박물관 건물이 일본풍인 '왜색' 디자인이라는 논란이 나왔으니 그 파장은 무척 컸다.

일본에서 쉽게 볼 수 있는 도리이

현재는 나무에 가려 잘 보이지 않지만
계단과 정문 위의 장식이 도리이와 흡사하다

특히 선배이자 라이벌 건축가 김중업은 앞장서서 김수근에게 날선 비판을 퍼부었다. 당시 김중업이 신문에 쓴 글을 보면 실로 살벌할 정도다.

김중업은 1967년 9월 2일자 《동아일보》에 대문짝만 하게 실린 기고문에서 "절대로 남겨서는 아니 될 수치스러운 건조물들이 세워져 감에는 분노마저 느끼게 한다. 한국의 건축가라고 어떻게 낯을 들고 다닐 수조차 있단 말인가"라며 "본관이 신사의 신전과 닮은 것이 무엇이 잘못이냐는 사상에는 건축가이기 전에 먼저 참다운 인간이어야 하고, 더욱이 양식 있는 교양인이어야 하는 건축가의 이야기로는 도시 믿어지지 않는다"고 강력하게 비난했다.

김수근도 자기 의견을 같은 신문에 밝혔다. "내가 명확히 말할 수 있는 것은 이 설계는 백제의 양식도 일본의 신사양식도 아닌 현대 건축을 전공으로 하는 바로 김수근의 양식이라는 것"이라고 해명했다. 모방이 아니라 자기 것이란 이야기였다. 그는 "설계도면까지 보았다는 김중업 선배가 진실을 그릇되게 주장한다는 건 이해가 되지 않는다"고 항변하고, 한국 전통 개다리소반의 다리 모양 디자인 등을 모티브로 전통미를 추구한 부분들을 건물에 집어넣었다고 설명했다.

그러나 논란은 계속 거세졌다. 김수근이 일본에서 공부하고 돌아왔기에 사람들은 더욱 '심증'을 굳혀갔고, 논쟁은 점점 커졌다. 박물관 쪽은 부랴부랴 심의위원회를 꾸렸다. "작가를 이해하는 입장에서 봐야 한다, 건축은 전통이나 외형뿐 아니라 내용을 봐야 한다"는 문화 원칙적 옹호론도 있었지만, 박물관 자체를 없애야 한다는 등의 강경론도 많았다.

갑론을박 끝에 결론은 과도하게 일본 느낌이 나지 않도록 디자인을 고치는 것으로 맺어졌다. 우리 건축계에서 건축물이 사회적으로 중요한 논란을 일으킨 최초의 사례였다.

훗날 김수근은 이렇게 토로했다고 한다. 당시 미국이나 프랑스에 유학한 건축가들이 돌아와 서양 건축물을 디자인 모티브로 삼거나 오마주하는 것은 아무 문제가 안 되고, 내가 일본 건축의 영향을 받은 것만 문제가 되느냐고.

실제 예술가로서 김수근은 무척 억울했을 것이다. 하지만 사람들이 신사를 연상시키는 저 건물을 보면서 느낄 수밖에 없었던 심정을 생각하면, 그리고 건축은 예술이기 이전에 사회적이고 공공적인 것임을 생각하면 분명 김수근의 디자인 선택과 항변은 안일했다고 비난받을 법도 했다.

이 건물 하나로 평생 들을 만큼의 욕을 한순간에 들은 김수근은 당연히 큰 상처를 입었다. 그가 돋보였던 점은 견디기 힘든 고통을 훗날 자기 건축의 밑거름으로 삼았다는 점이었다.

그는 이 논란을 계기로 자신이 미처 몰랐던 한국 건축의 전통 문제를 파고들기 시작했다. 당시 그는 30대 중반에 불과했고 자기 건축 세계가 한국 전통과 이어져 있다고 강변해보았지만 조목조목 따지는 선배 건축가들의 맹공으로 수세에 몰렸다. 그런 점을 뼈아프게 받아들인 그는 당시 최고의 문화재 전문가로 국립중앙박물관장을 역임했고, 지금도 많은 독자들에게 사랑받는 《무량수전 배흘림기둥에 기대서서》 등의 책을 쓴 혜곡 최순우 선생을 스승 삼아 전통문화 공부에 나섰다. 최순우 선생과 함께 전국을 돌며 한국 건축을 본격적으로 연구한 것이다. 특히 우리 옛 건축의 대명사로 꼽히는 부석사는 일곱 번이나 찾아갔을 정도였다. 혜곡을 통해 그는 동양 예술을 심도 깊게 이해하는 법을 배웠고, 많이 보고 많이 느끼는 것이 동양 예술을 이해하는 가장 좋은 방법임을 깨닫게 되었다. 그리고 70년대 이후로는 한층 새로워지고 진일보한 건축 세계를 선보이며 전통 건축과 현대 건축의 접목에서 괄목할 만한 진화를 이뤄냈다. 그의 초기 60년대 작품들인 남산 자유센터와 경향신문사 건물, 타워호텔 등을 보면 콘크리트란 소재를 애용해 조형성을 강조하는 미학을 보여준 반면 지나치게 모양에 집착하는 젊은 건축가로서의 한계도 분명히 드러났다.

반면 70년대 이후 그의 작품은 작아졌어도 훨씬 빼어나고 차분해졌

김수근의 대표작들.
공간사옥, 경동교회, 양덕성당

다. 영원한 대표작이 될 서울 원서동 공간사옥을 비롯해 마산 양덕성당, 경동교회 등을 설계하며 그의 건축은 만개했다.

부여박물관은 김수근 건축에서 일대 전환점이 된 건물이었다. 국가적인 분노를 일으켜 건축가에게 치욕을 안겨준 건물이었지만, 그 충격 덕분에 김수근은 건축가로서 자기를 돌아보고 위기와 아픔을 쓴 보약 삼아 자신을 키워냈다.

　건축가는 이 작품을 딛고 일어섰지만 건물 자체의 운명은 건립 과정부터 휩싸였던 논란 탓이었는지 이후 제대로 활용되지 못하고 용도와 운영 주체가 계속 바뀌어야 했다. 박물관으로 설계되었음에도 나중에는 주로 문화재연구소로 쓰였고, 지금은 부여군 고도문화사업소 건물로 쓰이고 있다.

　시대가 바뀌면서 서울 시내 어디를 가든 하루에도 몇 번씩 마주칠 수 있었던 김수근의 건물들은 이제 많이 사라져가고 있다. 김수근과 김중업이 모두 세상을 떠난 뒤 한국 건축계의 지형도도 많이 바뀌었다. 하지만 건축에 대한 사회적 관심, 건축가의 위상은 오히려 지금이 두 김씨의 시대보다 결코 나아졌다고 하기는 어렵다. 90년대까지만 해도 김수근이나 김중업이란 이름은 일반 시민들에게도 제법 유명한 이름이었다. 지금은 어떤가. 한국 건축가 이름을 한두 명만 대보라고 해도 쉽게 답을 할 만한 이들이 과연 몇 명이나 될까?

　물론 이는 시민들의 탓이 아니다. 그래서 더 아쉽다. 명품 브랜드 제품을 사듯 외국의 유명 건축가들을 선호하는 현상이 강해졌지만 건축이 문화가 아니라 부동산으로 종속되어버리면서 한국 건축가의 위상은 오히려 예전보다 더 열악해진 측면도 있다.

아쉬운 점도 많지만 틀림없이 시대는 바뀌었다. 김수근이 활동했던 시대에는 김수근도, 그 시대 자체도 한계가 분명했다. 건축과 문화에 대한 관심이 높아진 지금, 김수근의 한계와 약점을 극복하고 그의 장점만을 계승해 김수근처럼 대중들을 사로잡는 건축가들이 등장할 차례다.

국가적인 분노를 일으켜
건축가에게 치욕을 안겨준 건물

옛 부여박물관

봉하마을 묘역
아무도 예상 못한 죽음이 만들어낸
새로운 건축

시기리야 요새
건축으로도 결코 막지 못한 운명,
하늘에 떠 있는 비운의 성

프루이트 아이고와 세운상가
세상에서 가장 불행했던 아파트,
세인트루이스와 서울에서 벌어진 비극

아그라포트
미친 아버지, 그 아버지를 응징한 아들,
슬픔의 성

슬
품

아무도 예상 못한 죽음이 만들어낸
새로운 건축

봉하마을 묘역

"집 가까운 곳에 아주 작은 비석 하나만 남겨라."

유언은 간단했다. 하지만 그의 죽음은 결코 간단하지 않았다.
 2009년 5월 23일, 대한민국 16대 대통령 노무현은 스스로 몸을 던져 목숨을 끊었다. 사상 초유의 일이었고, 당연히 엄청난 파장을 낳았다. 이 비극적인 사건이 영향을 미친 분야에는 뜻밖에도 건축도 포함되어 있다. 특별한 죽음만큼이나 특별한 건축, 그동안 없었던 전직 대통령의 무덤이라는 새로운 건축물이 한국 건축사에 등장하게 된 것이다.

노 전 대통령의 죽음과 함께 관심은 그의 무덤에 쏠렸다. 그를 어디에 안치할 것인지는 그의 지지자들 사이에서도 의견이 분분했다.

전직 대통령이었으니 당당히 국립현충원에 안장해야 한다는 주장이 많았다. 그러나 유족들은 고민 끝에 봉하마을 대통령 사저 뒷산에 그를 안치하기로 정했다. 그가 떠난 지 6일째 되는 장례식 바로 전날, 쟁쟁한 문화계 인사들이 급박하게 모여 만든 '작은 비석 위원회'는 그의 무덤을 만드는 작업을 논의하기 시작했다. 무엇보다도 떠난 대통령의 묘역을 만들 건축가를 정하는 것이 시급했다.

노 전 대통령이 퇴임 이후 고향에 내려가 살았던 봉하마을 사저를 설계한 이는 고 정기용 교수(1945~2011)였다. 그 누구 못잖게 큰 충격을 받은 정 교수가 차마 묘역까지 설계할 수는 없었다. 위원회에 참여한 또 다른 건축가인 승효상 이로재 대표가 자연스럽게 묘역을 설계하게 됐다.

한국 최고의 건축가로 꼽히는 그였지만 전직 대통령의 무덤은 초유의 작업이었다. 국립현충원이 아닌 곳에 묻히게 된 첫 대통령의 묘역이었고, 그래서 대한민국 국가보존묘지 1호가 되는 묘역이었다. 어떤 전례도 없었던 건축물이었다.

건축가는 이 독특했던 전직 대통령을 다시 돌아봤다. 그가 생각한 노무현은 "자발적 추방인이며, 그래서 시대의 지식인"이었다. 에드워드 사이드가 정의한 지식인 그대로 "스스로 경계 밖으로 추방하는" 사람, 그게 바로 노무현 전 대통령이 평생 만들어간 자신의 길이었다고 건축가는 생각했다. 노무현이란 독특하고 특별한 인물의 무덤은 스스로를 추

넓은 들판 한가운데 우뚝 산이 솟아 있는 봉하마을

방한 지식인의 무덤이어야 한다고 승효상 건축가는 마음먹었다.

 노 대통령이 세상을 떠난 이튿날, 건축가는 무덤이 들어설 봉하마을로 떠났다. 마을 풍경은 범상치 않았다. 넓은 들판 가운데 우뚝 산이 솟아 있었고, 부엉이 바위와 사자 바위가 마을을 굽어보고 있었다. 마을을 돌아본 건축가와 위원회는 유족들이 고른 뒷산에 묘역을 마련하기는 불가능하다는 결론을 내렸다. 망자를 추모하러 몰려들 수많은 사람들을 생각해야 했기 때문이었다.

 위원회는 유가족을 설득했고, 그래서 뒷산에서 내려다보이는 사저 옆에서 약간 떨어진 평지를 묘역 자리로 정했다. 건축가가 고른 그 땅은 마을과 산 사이에 물길이 흘러가며 묘하게도 삼각형 모양을 만드는 자

유네스코 세계문화유산으로 지정된 스웨덴의 우드랜드 공동묘지

리였다. 평지와 산이 만나는 그곳이 죽은 자와 산 자가, 떠난 자와 기리는 자가 만나게 될 곳으로 제격이라고 건축가는 생각했다.

건축가는 우선 세계의 유명한 무덤과 묘지를 머릿속에 떠올렸다. 세계 건축사에서 손꼽히는 묘지인 이탈리아의 산 카탈도 공동묘지, 스페인의 이괄라다 납골 묘원, 스위스 쿠르 공동묘지 등을 살펴보기 시작했다. 이 유명한 무덤 건축들 중에서 가장 강력하게 그의 마음을 끌어당긴 곳은 두 곳이었다.

건축가가 가장 먼저 떠올린 곳은 스웨덴의 우드랜드 공동묘지였다.

스웨덴 건축가 에리크 군나르 아스플룬드(1885~1940)와 시구르트 레베렌츠(1885~1975)의 작품인 이 공동묘지는 현대 건축사 최고 걸작으로 꼽힌다. 현대 묘지로서는 실로 드물게 유네스코 세계문화유산으로까지

등록되었을 만큼 유명하다.

약 100년 전인 1915년 스톡홀름 교외에 들어설 묘지공원을 만드는 설계 공모가 열렸고, 1885년생 동갑내기로 서른 살의 젊은 건축가인 아스플룬드와 레베렌츠가 당선됐다.

두 사람은 이곳을 단순한 묘지가 아니라 산 자와 죽은 자, 인간과 자연, 자연과 건축이 서로 녹아들어 풍경화처럼 하나가 되는 서정적인 장소로 만들자고 의기투합했다. 그래서 공원 전체를 장중하고 완만한 인공 언덕으로 조성하고, 언덕을 따라 이어지는 길을 걸으면서 고요하고 내밀한 시공간을 경험하도록 했다. 입구에서 화장시설까지 걸어가면 넓은 풀밭 한가운데 십자가 하나가 홀로 서 있고, 그 뒤로 건물들이 나오고 길 맨 끝에는 숲 속 예배당이 나온다. 건축은 최소화되고 최대한 자연 그대로의 모습을 추구한 풍경이 방문객을 감싸며 저절로 삶과 죽음에 대해 성찰하게 만드는 곳으로 평가받는다.

우드랜드 공동묘지는 완성되기까지 무려 25년이 걸린 것으로도 유명하다. 특히 군나르 아스플룬드에게 이 묘지는 자기의 일생이나 다름없었다. 그는 묘지가 완성된 1940년 갑자기 숨졌고, 자신이 설계한 화장장에서 첫 번째로 화장한 사람이 되어 이 걸작 묘지에 묻혔다.

우드랜드 공동묘지와 함께 승효상 건축가가 떠올렸던 나머지 한 곳은 간디의 묘였다.

간디의 묘 '라즈 가트'는 간디의 주검이 묻힌 곳이 아니라 그를 기념

풀밭 정원 가운데 검은 대리석 제단으로 간디를 추모하는 라즈 가트

하는 곳이다. 간디는 화장을 했기 때문이다. 이 위대한 인물이 남긴 영향과 감동에 견주면 그의 묘역은 아주 작다.

  간디를 추모하는 공간인 라즈 가트는 인도의 수도 델리에 있는 장묘공원 속에 따로 마련되어 있다. 아담하고 특별할 것 없이 풀밭 정원 가운데에 마련한 검은 대리석 제단이 전부다. 1년 방문객은 무려 1,000만 명. 인도인들뿐만 아니라 수많은 외국인들이 간디를 기리고자 이곳을 찾아온다. 제단에는 간디의 유언인 "신이여"란 짧은 말을 새겨놓았다. 너무나 간디다운 공간이다. 가장 위대했던 간디의 묘역임에도 가장 소박하기에 방문객들은 더 큰 감동을 받는다.

  자연과 묘역이 하나가 된 우드랜드 묘지, 그리고 크지 않기에 오히려 더욱 사람들을 감동시키는 간디의 묘. 건축가는 이 두 묘를 아주 작은 비석이 들어설 묘역의 모델로 정했다.

그러나 본격적인 고민은 그다음부터 시작됐다.

지지자들에게 노무현의 묘는 성역으로 받아들여질 수밖에 없는 속성을 지니고 있었다. 그렇지만 그를 우상화하는 곳이 되어서는 안 된다고 건축가는 생각했다. 진정 노무현다운 무덤, 그의 진정성을 담아내는 무덤은 과연 어떻게 만들어야 할까.

승효상은 한국에서 가장 신성하고 장엄한 죽음의 공간인 종묘에서 디자인 해법을 찾았다. 한국 건축 최고 걸작으로 꼽히는 종묘의 아름다움은 길게 뻗은 정전 건물의 압도적인 모습에서 나온다. 하지만 이 건물이 진정 아름다운 이유는 그 앞에 박석을 깐 넓은 월대가 펼쳐져 있기 때문이다. 비워놓았기 때문에 절대적인 곳, 그게 월대의 아름다움이자 종묘의 진정한 아름다움이었다. 건축가는 월대가 보여주는 "비물질의 아름다움"을 디자인의 키워드로 삼았다.

그렇게 해서 만들어진 노무현 전 대통령의 묘역은 그의 1주기 날, 봄비가 내리는 가운데 문을 열었다. 묘역은 삼각형의 가장 뾰족한 꼭짓점에서 시작된다. 작은 점에서 시작해 점점 넓어지는 묘역은 종묘 월대처럼 비정형의 박석을 깐 광장이다. 물길이 가로지르는 이 광장을 따라 걸어가면 맨 마지막 부분에 '대통령 노무현'이란 여섯 글자만 새긴 고인돌 모양의 너럭바위가 나온다. 높은 기념탑도, 역동적인 조각도 없다.

이 묘역은 승효상 건축가의 작품인 동시에 여러 동시대 유명 문화인

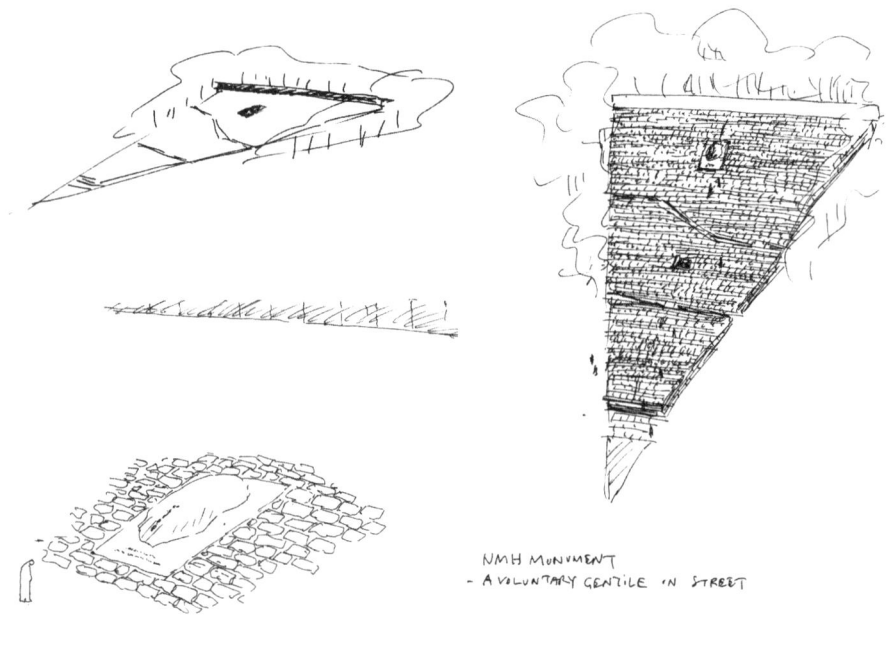

봉하마을 묘역 설계 스케치들

들의 공동 작품이다. 유분함은 안규철 교수가 디자인하고 도예가 박영숙 씨가 만든 도자기를 넣었다. 조경은 한국 최고의 조경가로 꼽히는 정영선 씨가 맡았고, 너럭바위에 새긴 '대통령 노무현' 글씨는 지관 스님이 썼다. 바위를 받치는 강판에 새긴 "민주주의 최후의 보루는 깨어 있는 시민의 조직된 힘"이란 노무현 전 대통령의 말은 신영복 전 성공회대 교수의 글씨다.

묘역은 삼각형 꼭지점 부분에서 시작된다

종묘 월대를 연상시키는 박석과 벽돌로 이어진 광장이 골목길처럼 이어진다

시민들의 글귀가 새겨진 골목길을 걷다 보면 멀리 작은 비석이 보인다

묘비와 강판에는 지관스님과 신영복 교수가 쓴 글귀가 적혀 있다

넓은 세모꼴 광장에 작은 돌비석이 누워 있을 뿐인데도 공간은 장엄하다

그러나 진짜 이 묘역을 완성한 아티스트는 이들 문화인들이 아니라 수많은 시민들이다. 관람객들은 이 삼각형 광장에 올라서는 순간, 예상 못한 무늬를 만나게 된다. 시민들이 노 전 대통령에게 전하고픈 말들을 새긴 돌 벽돌들이 박석 중간에 골목길 모양으로 뻗어나간다.

건축가가 전체 디자인의 가닥을 잡은 뒤 가장 고민했던 부분은 묘역 표면의 "표정"이었다고 한다. 건축가는 임옥상 화백에게 아이디어를 부탁했다. 임 화백은 마을 골목길이 뻗어 나가는 모양을 그려왔다. "세상을 떠난 대통령이 외롭지 않게, 동네 사람들과 함께 있기를 바라는 생각"에서 나온 그림이었다.

임옥상 화백이 그린 골목길 모양은 정확하게 시민 1만 5,000명이 각자 쓴 글을 새긴 벽돌을 깐 바닥으로 완성됐다. 국민 모금으로 노무현

골목길 모양의 무늬가 아로새겨진 삼각형 모양의 묘역이 어딘가를 가리키는 듯하다

전 대통령에게 전할 글을 새기는 돌을 설치한다는 사실을 알리자마자 모금이 마감되었을 정도로 참여 열기가 뜨거웠다. 승효상 건축가의 말처럼 "미술이라면, 그야말로 전대미문의 설치미술"이었다.

  이렇게 완성된 노무현 묘역은 그 성격도, 모습도 모두 한국 건축에는 없었던 새로운 건축물이 되었다.

  유명한 정치 지도자의 무덤이 거대한 국가적 건축물로 만들어지는 것은 터키의 아타 튀르크 묘역, 러시아의 레닌 묘나 베트남의 호치민 묘처럼 어렵잖게 찾아볼 수 있다. 하지만 우리나라에선 고대 이후로는 정치 지도자의 무덤을 거대 건축물로 꾸미는 법이 없었다. 왕이라면 능으로, 위인이라면 비석으로 기릴 뿐이었다. 노무현 묘역은 그래서 한국에 없었던 무덤 건축의 새로운 사례다.

너무 슬퍼하지 마라
삶과 죽음이 모두 자연의 한 조각 아니겠는가?
미안해하지 마라
누구도 원망하지 마라
운명이다

- 노무현 -

지금까지 없었던 사상 초유의 건축이 들어선 것도 운명인지 모른다

또한 작으면서도 크고, 비어 있으면서도 채워져 있는 공간이란 점에서도 새롭다. 망자의 바람처럼 그의 묘 자체는 5평에 불과하다. 하지만 묘역 전체는 1,000평이 넘는다. 죽은 자에겐 검소한 안식처가, 그리고 그곳을 찾아오는 산 자들에겐 광장이 되어야 했기 때문이다. 압도적인 건축물 하나 없이 넓은 세모꼴 광장에 작은 돌비석이 누워 있을 뿐인데도 공간은 장엄하다.

이 묘역을 제대로 보는 방법은 바로 뒤 사자바위에 올라가는 것이다. 약간 땀이 나기 시작할 정도만 올라가면 어느새 사자바위 꼭대기에 이르고, 그 아래 이 묘역 전체의 모습이 내려다보인다. 골목길 무늬가 아로새겨진 이 삼각형은 저 멀리 어디인가를 향하는 화살표 같기도 하고, 막 출발하려는 배를 연상시키기도 한다.

건축은 삶을 담지만, 죽음을 담기도 한다. 그렇지만 죽음을 담는 건축 역시 죽은 자만을 위한 공간이 아니라 남아 있는 산 자들을 위한 공간이란 점에서 결국 삶을 담는 곳이 된다. 노무현 묘역의 바닥에 새긴 1만 5,000명의 글귀는 죽은 노무현을 보러오는 수많은 이들의 발길에 언젠가는 결국 지워질 것이다. 죽음으로 삶을 담고, 산 자와 죽은 자를 잇는 이 건축물 아닌 건축물은 지워지면서 완성되는 새로운 개념의 공간으로 우리에게 다가왔다.

노무현 대통령은 유서에서 "너무 슬퍼하지 마라. 삶과 죽음이 모두 자연의 한 조각 아니겠는가? 미안해하지 마라. 누구도 원망하지 마라. 운명이다"라고 적었다. 지금까지 없었던 사상 초유의 건축이 들어선 것도 그의 말처럼 운명이었을지도 모른다.

  노무현을 지지하든 그렇지 않든 이 건물은 건축적으로 분명 우리가 가볼 만한 새로운 공간 건축이다. 삶과 죽음과 사회를 동시에 생각하게 하는 것, 그게 바로 죽음의 공간만이 지니는 힘이며, 그런 죽음의 공간으로 우리 동시대에 만들어진 것은 이곳이 처음이기 때문이다.

건축은 삶을 담지만, 죽음을 담기도 한다
그러나 죽음을 담는 건축 역시 산 자들을 위한 공간이다

봉하마을 묘역

건축으로도 결코 막지 못한 운명,
하늘에 떠 있는 비운의 성

시기리야 요새

정말 사진 한 장 때문에 비행기를 탔다. 평생 가볼 일이 없을 것으로 생각했던 나라로 떠나게 만든 그 사진은 함께 답사를 다니는 건축가로부터 온 외국 건축기행 안내 메일에 딸려온 것이었다. 스리랑카에 있는 고대 유적, '시기리야'란 이름의 요새였다.

말 그대로 '하늘에 떠 있는 성'이란 설명이 사실이었다. 거대한 수평의 밀림 속에 갑자기 수직 바위산이 우뚝 솟아 있고, 그 깎아지른 절벽 위에 자리 잡은 성. 도대체 왜 이런 성을 지었는지 궁금해졌고, 그 모습을 직접 보고 싶어졌다. 그래서 난생 처음 스리랑카로 향했다. 인도양에 떠

열대 숲 속 사이에서 별안간 나타나는 바위산

있는 푸른 망고 같은 그 나라로.

울울창창한 열대의 숲 속을 얼마나 달렸을까, 별안간 바위산이 정말 불쑥 나타났다. 그 위용은 예상 이상이었다. 진안의 마이산을 연상시키는 모습은 실로 묘했다. 성채 입구에 도착해 나를 내려다보는 바위산을 마주하자 비로소 그 높이를 실감할 수 있었다. 저 황당한 위치에 성을 지으려 했던 고대의 황제에 대해 생각하지 않을 수가 없었다.

이 기묘한 성채를 지었던 이는 싱할라 왕조의 카샤파 1세란 왕이었다. 지금부터 1500여 년 전, 5세기 무렵이었다. 시기리야란 이름은 '사자 바위'란 뜻이다. 카샤파 왕은 사자 모습의 바위 위에 궁궐을 짓는 데 모든 것을 쏟아부었다. 해발 370미터, 아주 높지는 않지만 사방이 낭떠러지이고, 주변에 아무런 높은 봉우리가 없어 그야말로 전망대 같은 궁전이 탄

궁전으로 오르는 길은 실로 아슬아슬한 사다리 같다

지금은 철제 계단이지만 처음 성을 지었을 때는 대나무였다고 한다

생했다. 그 궁전으로 오르는 길은 실로 위태로워 보이는 사다리 같은 철제 계단이었다.

봉우리 꼭대기에 지은 궁궐보다도 그 높은 곳까지 길을 낸 집요함이 더욱 놀라웠다. 아슬아슬하기 짝이 없는 계단은 그 자체로 인간의 대단함을 보여주는 경이로운 건축이었다. 중국 협곡의 잔도가 절로 떠올랐다.

옛날 처음 성을 지었을 때 계단은 대나무였다고 한다. 훗날 스리랑카가 영국 식민지였던 시절 영국 사람들이 나무 사다리를 철제 계단으로 바꿨지만 여전히 계단은 놀랍도록 아찔했다. 때론 나선형으로 말려 올라가고, 때론 지그재그로 꺾이며 절벽 가장자리를 따라 계속 이어지고, 눈 아래로는 까마득한 풍경이 펼쳐진다. 절벽 중간에서 내려다보는 평원의 모습은 장관이다.

등정 중간에 갑자기 나타나는 너른 평지에
사자의 앞발이 조각되어 있다

불과 몇 걸음만 걸어도 아래 풍경의 느낌이 달라지지만, 앞으로 펼쳐지는 위쪽 모습은 계속 하늘과 바위벽뿐. 철계단이 갑자기 돌계단으로 바뀌고 잠시 뒤, 갑자기 너른 선반 같은 평지가 등장한다. 이제 사자바위의 꼭 중간에 이른 것이다.

마치 이쯤에서 한번 숨이라도 돌리라고 일부러 만들어놓은 듯한 중간 평지에서 바라보는 사자바위의 모습은 꼭대기에 대한 기대감을 더욱 부풀린다. 다시 한 번 수직 절벽이 시작되는 거대한 바위 아래에는 실제 사자의 앞발 모습을 거대하게 조각해놓았다. 이제 사자의 입으로 올라갈 차례다. 더욱 가팔라진 계단을 올라온 만큼 올라가면 드디어 정상이다.

성상은 말 그대로 일망무제의 파노라마가 펼쳐진다. 어디를 바라봐도 나무숲이 푸른 바다를 이루고 있다. 그 숲을 내려다보며 궁녀 500명을 거느리고 살았다던 카샤파 왕의 궁전은, 그러나 지금은 흔적뿐이다. 나라는 사라졌으나 산하는 남았다고 했던 두보의 시처럼 무상한 폐허는 오히려 더 사람을 사무치게 만들고 있었다. 역사의 무상함, 권력의 유한함을 눈으로 바라보는 상념은 그러나 잠시, 천년 넘은 벽돌 위에 철퍼덕 앉아 산들바람에 몸을 식히며 시야 전체로 펼쳐지는 스리랑카의 대자연을 바라보는 기분은 마치 신선이 된 느낌이다. 정상에 올라온 방문자들은 모두 저마다 편한 자리에 앉아 하염없이 놀라운 풍경을 바라만 본다. 몇 시간이고, 하루 종일이고 앉아 있고만 싶어지는 곳이다. 왕실 사람들만 감상하던 저 풍경은 원래 그랬듯 모두의 것으로 돌아왔다. 아니, 누가

흔적뿐인 궁전 터에는 스리랑카의 대자연이 파노라마처럼 펼쳐진다

감히 풍경의 주인이 될 수 있고, 풍경을 대상화할 수 있을까. 사자성은 인간이 만들어낸 놀라운 건축이기 전에 자연이 마련해놓은 화려한 선물이었다. 인간은 그 위에 잠시 올라가볼 뿐이었다.

이 놀라운 시기리야 요새를 보면 누구나 떠올리게 되는 곳이 있다. 이스라엘의 저 유명한 유적지, 마사다 요새다. 주변이 숲이 아니라 건조한 광야란 점만 빼면 마사다와 시기리야는 꼭 닮았다. 더 이상 올라갈 곳이 없는 정상에 버티고 선 난공불락의 공중 도시란 점이다. 그러나 시기리야는 굳이 산꼭대기에 올라가 요새를 지은 이유가 마사다와는 근본적으로 달랐다.

마사다는 종교를 지키기 위한 전쟁이라는 절체절명의 위기에서 어쩔

로마의 집요한 공격으로 함락당한 마사다 요새

수 없이 택한 곳이었다. 기원후 70년 경, 유대인들은 점점 세력을 넓히는 로마에 맞서 결사항전을 벌였다. 거대한 제국 군대와 대치하던 그들은 헤롯왕이 지었던 해발 430여 미터인 절벽 위 요새로 올라갔다. 깎아지른 절벽 덕분에 세계 최강 로마군도 쉽게 요새를 함락할 수 없었다. 식량을 잔뜩 마련한 저항군들은 로마군에 포위된 채 버티고 또 버텼다. 요새 안 바위 속에 12개의 저수지가 마련되어 있었던 덕분이었다. 뛰어난 건축 기술 덕분에 그들은 무려 2년이나 저항을 이어갈 수 있었다.

  그러나 로마는 집요했다. 절벽을 기어 올라가기가 불가능하자 아예 토목 공사를 시작했다. 산 정상으로 오르는 길을 직접 만들어 공격한 것이었다. 그 집요함에 결국 마사다 요새도 함락되고 만다. 그러나 적군이 정복하기 직전, 성채 안에 있던 900여 명은 스스로 목숨을 끊었다. 결코 살아서 포로가 될 수 없다는 의지로 그들은 시체가 되는 길을 택했다. 유대인의 왕국은 그렇게 사라졌다. 지금까지 그 유적들이 남아 전하는 이 요새는 이스라엘 최고의 국가 성지이자, 유네스코 세계문화유산이기도 하다.

외세의 침입에 쫓겨 어쩔 수 없이 사람들이 올라가 요새가 된 마사다와 달리 카샤파 왕은 스스로 시기리야 요새를 짓고 그 위에 올라가 숨었다. 넓은 평지를 놔두고 굳이 좁고 위험한 요새 위로 올라갔던 것은 왕 자신의 불안과 공포 때문이었다.

전설 같은 역사에 따르면 카샤파 왕은 다투세나 왕의 맏아들이었는데, 그 밑으로는 배다른 동생인 목갈라나 왕자가 있었다고 한다. 장남 카샤파의 어머니는 평민이었지만, 동생 목갈라나의 어머니는 왕족이었다. 출신 성분 때문에 장남은 늘 동생에게 왕위를 빼앗길지 모른다는 불안에 빠져 살아야 했다. 그래서 그는 아버지가 자신을 버리고 동생 목갈라나 왕자에게 왕위를 물려줄까 두려워 자기 아버지를 죽이고 직접 왕위에 오른다.

예상 못한 끔찍한 참극에 놀란 동생은 바다를 건너 인도로 도망쳤다. 그러나 마침내 왕의 자리를 차지했고 경쟁자가 사라졌어도 카샤파 왕의 불안은 그칠 줄을 몰랐다. 인도로 도망친 동생이 언제 다시 돌아와 자기를 공격할지 모른다는 새로운 공포에 사로잡힌 것이다.

불안을 견디다 못한 왕은 절대 동생이 함락하지 못할 곳을 골라 저 시기리야의 사자바위 위로 올라갔다. 원래 수도승들만 홀로 숨어들어 도를 닦던 바위산은 갑자기 왕가의 요새 궁전으로 바뀌게 된다. 바위산 위에도 저수지를 마련했고, 바로 아래 땅에도 물을 공급할 연못과 시설들을 마련했다. 집요한 광기에 휘말린 왕의 명령에 신하들은 거역하기 어려웠고, 사람 한 명 간신히 다닐만한 아찔한 나무 계단으로만 오르내릴 수 있는 정상 위에 새 건물을 지어야 했다. 실로 엄청난 고생 끝에 하늘에 떠 있는 난공불락의 요새는 완성됐다.

하지만 운명이란 결코 자기 노력으로는 막을 수 없는 것이었다. 카샤파 왕이 걱정했던 대로 인도로 도망갔던 목갈라나 왕자는 복수심 하나로 10년을 기다린 끝에 세력을 모아 아버지를 죽이고 나라를 빼앗은 형에게 쳐들어왔다.

동생이 돌아왔다는 소식을 들은 왕은 영원한 불안의 씨앗을 이 기회에 완전히 없애버리겠다는 생각에 요새에서 뛰쳐나와 직접 군사를 이끌고 전투에 나섰다. 그러나 오로지 동생을 죽여버리겠다는 생각에만 사로잡힌 탓에 왕은 냉철하게 전략을 세우지 못했고, 결국 위기에 빠져 혼자 도망치는 신세가 된다. 자기를 죽이러 오는 동생의 군사가 포위해오자 왕은 단검으로 스스로 목을 찔러 자결했다.

만약 왕이 성채를 지키며 버텼다면 결과는 어찌되었을까? 시기리야는 뒤쪽으로는 능선이 이어지는 마사다와 달리 사방 어디에도 길을 낼 만한 지형이 없는 천혜의 요새였다. 그럼에도 불구하고 왕은 그러지 못했다. 아무리 뛰어난 건축으로도 인간의 운명은 막을 수 없다는 것을 보여주듯, 그리고 역사에서 가정은 부질없다는 것을 비웃듯 사자바위는 예나 지금이나 같은 모습으로 전쟁이 벌어졌던 평야를 굽어보고 있을 뿐이다.

카샤파가 죽은 뒤 시기리야 요새는 다시 수도승들의 은신처로 되돌아갔다. 경이로운 대자연의 작품은 원래부터 깨달음을 위한 곳으로 정해져 있었던 것인지 모른다. 왕의 요새로는 겨우 20년도 채우지 못했다.

그리고 바위산은 점점 잊힌 곳이 되었다. 오랜 세월 밀림 속에 숨어 있던 이 놀라운 유적은 거의 1000년이 지난 뒤에야 영국인들에게 발견되며 다시 세상에 알려졌다.

시기리야는 천륜을 거스르고 왕위에 오른 왕의 집착과 광기의 소산이다. 절대 함락되지 않는 영원불멸의 요새를 꿈꿨던 건축이었지만 그 어떤 건축보다도 빨리 수명을 다한 건축이었다. 건축에서 영원이란 없다는 것을 가르쳐주는 역설적인 유적이다.

그런 점에서 시기리야는 마사다 요새와 함께 또 다른 요새 한 곳을 떠올리게 만든다. 중국 랴오닝성에 있는 '오녀산성'이다. 유네스코 세계유산으로 지정된 역사 유적이자 명승지다.

오녀산성은 자연 지형을 활용한 요새란 점, 그리고 마사다처럼 저항군의 성채가 아니라 한 나라의 정식 성이 된 곳이란 점에서 시기리야와 흡사하다. 해발 820미터 높이에 바위 절벽만 200미터에 이르는, 그야말

해발 820미터 높이에 바위 절벽만 200미터에 이르는 천혜의 요새 오녀산성

로 천혜의 요새다. 한쪽은 심하게 가파르지 않은 지형으로 연결되지만 반대편은 시기리야 못지않게 수직 암벽으로 이뤄져 있다.

이 자연의 암성은 중국 땅에 있지만 뜻밖에도 우리 고대사의 중요한 현장이다. 한민족이 세운 나라들 중 가장 강하고 가장 넓었던 고구려가 처음 세운 도읍지가 졸본성이었다. 역사학자들은 오녀산성이 바로 이 졸본성이 있었던 환인 지역의 궁성으로 보고 있다.

기록에 따르면 북부여의 왕자였던 주몽은 기원전 37년, 부여를 떠나 성을 쌓고 고구려를 세웠다. 학자들의 예상이 맞는다면 오녀산성은 고구려의 개국도성이다. 주몽과 그를 따라 이역 땅에서 새 나라를 세운 고구려 사람들은 영원한 제국을 꿈꿨을 것이다. 그래서 절대 적들이 정복하지 못할 새 왕국의 성으로 저 천연의 요새를 골랐으리라.

그러나 카샤파 왕의 슬픈 운명이 말해주듯 난공불락의 건축은 존재하지 않는다. 그리고 세상이란 소통하고 열려야 오히려 더 번영하는 법이다. 고구려는 저 요새 안에만 있어서는 세상의 진정한 지배자가 되지 못한다는 것을 깨달았던 모양이다. 고구려는 오래 지나지 않아 새로운 도읍인 지안 국내성으로 수도를 옮겼다. 산에서 평지로 나오면 위험에도 노출되지만, 대신 더 넓게 뻗어나갈 기회가 생긴다. 국내성 시대 이후 고구려는 동북아시아의 대국으로 성장해나갔다.

그래서 다시 한 번 부질없는 가정을 해보게 된다. 고구려가 저 산꼭대기 위에서 안전하게 오래 살겠다고 버텼으면 훗날의 그 큰 나라가 될 수 있었을까.

왕은 과도한 욕심에 빠지기 쉽다. 카샤파는 아버지를 죽이고 왕이 되었을 만큼 욕심이 강했고, 그 욕심을 유지하기 위해 절대 정복할 수 없는 요새 같은 왕성을 쌓았다. 그러나 인류의 역사는 그런 욕심은 결코 이뤄지지 않는다는 것을 되풀이해 보여줘 왔다. 카샤파에게도 마찬가지였다. 그토록 욕심내 지었던 시기리야 요새는 그의 운명을 지켜주지 못했다. 카샤파는 동생에게 죽임을 당하기 전 스스로 목숨을 끊어야 했고, 시기리야는 그의 죽음과 함께 잊혀졌다.

요새는 결코 완벽하지 않다. 안으로 숨으면 얼마 동안은 안전하겠지만, 스스로 나아갈 길을 잃는다.

  마사다와 시기리야, 오녀산성은 이러한 역사의 흥망성쇠 법칙과 인간의 본성, 그리고 자연과 건축의 관계에 대한 여러 가지 진리와 의문을 우리에게 보여주고 있다.

영원불멸의 요새를 꿈꿨으나
천륜을 거스른 왕의 집착과 광기로
그 어떤 건축보다 빨리 수명을 다한 곳

시기리야 요새

세상에서 가장 불행했던 아파트,
세인트루이스와 서울에서 벌어진 비극

프루이트 아이고와 세운상가

이 세상에서 가장 불행한 건축가는 누구일까?

자기 대표작이 헐리게 되는 것이 건축가들에겐 가장 슬픈 일일 것이다. 그렇다면 자기 작품이 파괴된다면? 그것도 용도가 다해 사라지는 것이 아니라 생각만 해도 끔찍한 테러에 의해 폭파되었다면?

미노루 야마사키(1911~1986)는 그런 끔찍한 일을 당한 건축가다. 전 세계를 경악하게 했던 2001년 9.11 테러로 무너진 미국 뉴욕의 세계무역센터 쌍둥이 빌딩이 바로 그가 설계한 건물이었다. 자기 작품이 인류 최악의 테러 대상이 되었으니 건축 역사상 가장 불행한 건축가였음에 틀

미노루 야마사키가 살아생전 이 모습을 봤다면
어떤 기분이었을까?

림없을 것이다.

　미노루 야마사키는 그 누구보다도 성공한 건축가였다. 건축 최고의 각축장인 뉴욕 맨해튼에 세계에서 가장 높은 건물이자 세계에서 가장 유명한 건물을 설계하는 기회를 얻은 것은 모든 건축가들이 부러워할 일이었다. 일본계 미국인으로 미국 시애틀에서 태어난 미노루 야마사키는 세계무역센터 말고도 스페인 마드리드의 랜드마크가 된 피카소 타워 등 여러 고층 빌딩을 설계했고, 캐나다의 와스카나 센터 같은 유명한 공원과 미국 시애틀 태평양과학센터 등 많은 건물을 설계한 20세기의 주요 건축가였다.

그나마 다행이었던 것은 그가 세상을 떠난 뒤 9.11 테러가 일어났기 때문에 자기 건축물이 무너지는 끔찍한 광경을 보지 않았던 점이었다. 하지만 그는 이미 살아생전 자신이 설계한 또 다른 건물이 파괴되는 것을 직접 보아야 하는 비극을 겪었다.

미노루 야마사키가 가장 불행한 건축가인 이유는 그의 대표작과 출세작이 모두 처참하게 폭파되었기 때문이다. 한 건축가의 건물이 하나도 아니고 둘이나 타의에 의해 파괴된 경우는 실로 드물다.

그의 출세작은 미국 세인트루이스에 지어진 '프루이트 아이고'라는 아파트 단지였다. 이 아파트는 훗날 범죄의 온상이 되어 도저히 재생할 수 없는 최악의 아파트 단지로 전락했다. 그리고 결국 1972년 7월 15일 폭파 철거되었다. 당시 이 아파트의 파괴 장면이 미국 전역에 생중계되었을 만큼 큰 이슈였다. 도시계획과 건축의 역사에서 가장 충격적인 사건이 프루이트 아이고의 철거였다.

프루이트 아이고는 폭파되는 바람에 더욱 유명해졌지만 들어설 때에도 실로 큰 이슈였다. 당시 그야말로 최첨단 기법과 이론을 모두 동원해 등장했던 야심찬 프로젝트란 점에서 세계 건축계의 주목을 한 몸에 받았던 건축이었다.

제2차 세계대전 이후 농촌 지역에서 소작농과 영세민들이 도시로 몰려오면서 세인트루이스는 날로 늘어나는 빈민가 문제에 시달리고 있었다. 자본가들은 전쟁으로 침체됐던 건설 경기를 되살리는 방법이라며 빈민가를 밀어버리고 새 주택을 짓자는 압력을 가했고, 시와 정부는 쾌적하고 위생적인 현대식 공공주택이 도시를 살리는 대안이 될 것으로 판단했다. 그래서 제2차 세계대전의 전쟁 영웅이었던 웬델 프루이트와 윌리엄스 아이고 홈즈의 이름을 딴 '프루이트 아이고' 재개발 사업이 시작됐다. 업자들에겐 이익을, 관에겐 일자리 창출이란 정치적 효과를 얻을 수 있는 기회였다.

프루이드 아이고는 전후 미국에서 가장 의욕적인 재개발 사업으로 추진됐다. 그리고 담당 건축가로 미노루 야마사키를 선정했다. 단순히 건축가가 설계하는 차원을 넘어 심리학자, 사회학자 등 다양한 분야의 전문가들까지 동원해 새로운 공동주택을 실현한다는 계획이었다.

연방정부와 시, 그리고 개발업자들은 이 새 아파트 단지가 도시를 다시 살려주는 구세주가 될 것으로 믿었다. 그리고 초반에는 실제 그런 꿈이 이뤄진 듯했다. 환한 빛이 드는 새 건물과 넓은 단지, 잔디밭과 각종 전기 시설까지 20세기 최고의 시설을 갖춘 아파트는 1955년 드디어 완공됐다. 10층이 넘는 고층 아파트 대단지가 드물었던 시절, 프루이트 아이고는 '가난한 이들의 펜트하우스'로 불리며 대단한 화제였다. 당시 사람들에게 프루이트 아이고 단지의 모습은 호텔 리조트 같은 모습이었다.

그러나 오래 지나지 않아 꿈의 아파트는 천국이 아니라 지옥으로 바

꿈의 아파트 단지에서 절망의 상징이 되어버린 프루이트 아이고

뀌기 시작했다. 공공주택을 짓는 데에만 신경을 쓰고 유지 관리에는 거의 예산을 배정하지 않았던 것이 문제였다. 세입자들의 집세로 아파트를 관리하다 보니 수준 낮은 관리인들을 계약할 수밖에 없었고, 관리 수준은 급속도로 악화됐다.

또 한 가지 시와 정부가 오판한 것이 있었다. 당시 미국 주요 도시의 전체 구조가 예상 못한 방향으로 흘러가고 있었다. 주로 백인들인 중산층은 한적하고 쾌적한 근교 전원으로 주거지를 옮겨가고 있었다. 이 바람에 프루이트 아이고는 흑백 분리의 실험장처럼 되어버렸다.

세인트루이스 시는 흑인들이 특정 주거지역에 몰려 살게 만드는 정책을 펼치고 있었다. 프루이트 아이고에 입주한 저소득층 흑인들은 날이 갈수록 열악해지는 환경에서 돈은 더 많이 써야 하는 고통을 겪어야 했다. 편의 시설이 고장 나도 제대로 수리가 되지 않자 불만이 커진 사람들이 물건을 부숴버리는 일이 잦아졌다. 화가 난 입주자들이 속속 떠나면서 상황은 더욱 나빠졌다. 집세 수입이 줄어들어 관리의 질은 더욱 형편없어졌고, 망가진 시설이 늘어나면서 단지 전체가 엉망진창이 되어버렸다.

게다가 사람들이 떠난 빈 공간에 외부 사람들이 드나들면서 아파트 단지는 범죄의 온상으로 변해갔다. 프루이트 아이고는 순식간에 빈민 우범 지역의 대명사가 됐다. 유리창 하나를 깨진 채로 놔두면 사람들이 시설을 함부로 다루게 되고 결국 범죄 소굴이 된다는 '깨진 유리창 이론'을 가장 잘 보여주는 사례가 된 것이다. 흑인은 범죄자란 편견이 더해지면서 프루이트 아이고는 세인트루이스 전체가 혐오하고 두려워하는 최악의 밑바닥 동네로 낙인찍히고 말았다.

외부에서 들락거리는 이들 때문에 범죄 소굴이란 오명을 쓰게 된 주민들은 분노했지만 관리인이나 경찰이나 시청 모두 손을 놓는 어처구니없는 상황이 이어졌다. 참다못한 주민들은 집세 거부 운동에 나섰지만 별 소용이 없었다. 그리고 1970년 1월, 한겨울에 아파트 수도관이 얼어 터지고 하수관이 역류하면서 프루이트 아이고는 거의 생지옥으로 변하고 만다.

아파트 단지를 지어만 놓고 거의 방치하고 있던 시에서는 결국 주민들의 반발을 찍어 누르며 아파트를 폐쇄하기로 결정했다. 폐쇄가 시작되자 사람들이 난입해 자재를 떼어가고 범죄자들이 몰려들었다. 한 건물은 완전히 마약상들의 아지트로 변했다. 아파트 옥상에서 보면 경찰이 오는 것을 쉽게 내다볼 수 있기 때문에 마약상들에겐 최적의 은신처였다.

총격전이 늘상 벌어지고 경비원과 범죄자들이 죽어 나가는 일이 반복됐다. 마침내 세인트루이스 시는 연방 정부의 승인을 받아 1972년 프루이트 아이고를 철거하기로 결정한다. 그해 7월 15일 아파트 건물이 폭파 공법으로 해체되는 장면이 미국 전국에 생중계되면서 희망의 상징으로 출발한 프루이트 아이고는 절망의 상징이 되어 사라졌다.

프루이트 아이고의 완벽한 실패는 사실 건축가의 잘못은 아니었다. 지자체가 무책임한 장밋빛 환상으로 건설만 추진하고 실제 운영 프로그램은 갖추지 못했던 바람에 벌어진 비극이었다. 하지만 그런 사실은 잘 알려지지 않았고 주민들이 정책을 실패하게 만든 주범으로 오도됐다. 건축계에서는 찰스 젠크스라는 건축가가 프루이트 아이고의 폭파를 모더니즘 건축의 종말로 규정하면서 이상주의에 빠진 무모한 모더니즘 건축 지상주의가 부른 최악의 사례로 인식되었다. 모더니즘 이후의 새로운 흐름인 포스트모더니즘을 주창했던 젠크스는 새로운 이념과 건축으로 세상을 바꿀 수 있다고 믿었던 모더니즘 건축의 실패를 프루이트 아이고로 상징화했다. 미노루 야마사키로선 미칠 노릇이었을 것이다.

모더니즘 건축의 종말을 상징하는 프루이트 아이고의 폭파 장면

프루이트 아이고는 그 처절할 정도로 예상과 어긋난 결말 때문에 건축 전문가들과 도시계획가들에게 실로 큰 충격을 줬다. 도면에 긋는 선 하나로 도시가 좋아질 것이란 환상, 마스터플랜이 도시를 재생시킬 것이란 믿음을 산산조각 낸 사건이었다. 지금까지도 프루이트 아이고가 파괴되는 영상과 사진은 계속 인용되고 있다.

그러나 프루이트 아이고는 단순히 개발 우선주의와 흑백 문제가 심각한 미국에서만 일어날 수 있는 사건은 아니었다. 미국 세인트루이스에서 프루이트 아이고로 인해 획일적이고 단순한 대규모 도시계획의 부작용에 대한 회의와 반성이 시작되었던 70년대, 한국 서울에서는 이 아파트의 전철을 똑같이 밟게 될 무모한 계획이 두 가지나 동시에 추진되고 있었다. 그 하나가 '광주대단지 사건'이었다.

광주대단지 사건은 1971년 8월 10일, 지금은 성남시가 된 당시 경기도 광주에서 일어난 빈민 저항운동이었다. 한국이 급속도로 산업화되면서 기하급수적으로 늘어나 극한에 몰렸던 도시 빈민을 위한 시민운동이 본격적으로 일어나는 계기가 되었다고 평가받는 70년대의 상징적인 사건이다.

세인트루이스로 전쟁 직후 빈민들이 몰려들었던 것처럼 60년대 서울은 한국전쟁 이후 전국에서 몰려드는 이주민들 때문에 극도의 몸살을 앓고 있었다. 서울 거의 전역이 빈민들의 판자촌으로 뒤덮였다. 이를 해결할 뾰족한 아이디어도 없고 공공주택을 지을 돈도 없었던 서울시는

아수라장이 된 건물 뒤로 보이는 광주대단지

철거로 사람들을 몰아내려 했지만 철거당한 이들은 다른 지역으로 옮겨가 다시 무허가 판자촌을 만드는 악순환이 반복됐다.

1969년 서울시는 이들을 아예 서울 바깥으로 이주시키는 정책을 세웠다. 경기도 광주시 중부면에 광주대단지를 지정하고, 철거민들에게 싼값으로 땅을 분양해 터를 잡고 살 수 있게 해주겠다고 약속했다. 그리고 이주가 시작됐다. 서울의 골칫거리였던 빈민들을 싹 다른 곳으로 몰아 분리시키자는 의도였다. 지금의 성남시가 만들어지게 된 것이 바로 이 정책 때문이었다.

그러나 막상 저소득층들이 도착한 곳은 수도시설은 물론 아무런 기반시설이 조성 안 된 황무지나 다름없었다. 가게도 집도 없는 벌판에서 주민들은 천막을 치고 살아야 했다. 사람들 대부분이 서울에서 일하기에

출퇴근에 몇 시간씩 걸리는 등 불편은 이루 말할 수가 없었다. 그럼에도 서울시는 계속 이주를 강행해 대단지 인구는 2년 만에 20만 명 가까이 늘어났다.

대단지의 사정도 점점 열악해졌다. 그리고 결국 사달이 났다. 서울시가 급하게 비용을 뽑아내기 위해 용지를 서둘러 처분하는 바람에 이 지역에서 투기가 일어난 것이다. 여기에 1971년 총선이 끝난 뒤 서울시가 약속을 깨고 분양 금액을 대폭 올린다고 일방 통보하면서 주민들의 분노는 극에 달했다.

광주대단지 주민들은 대책위원회를 꾸려 처음 약속을 지키라고 서울시에 요구하면서 시장 면담을 요청했다. 그런데 이들과 만나기로 했던 서울시장이 아무런 연락 없이 오지 않았고, 결국 주민들이 폭발했다. 화가 난 주민 수만 명이 파출소와 출장소 등을 파괴하고 단지를 점령한 뒤 경찰 병력과 대치하기 시작했다.

깜짝 놀란 서울시장이 협상을 벌여 구호양곡을 지급하고 생활자금을 주며 도로를 넓히겠다는 약속을 하고서야 시위는 끝났다. 서울시의 무책임한 이주 정책은 중지됐지만 이 과정에서 20여 명의 주민늘이 저벌을 받아야 했다.

프루이트 아이고가 좋은 아파트를 만들어놓고서도 실패했다면, 광주대단지 사건은 아무런 주거시설조차 없이 저소득층을 분리하겠다는 황당한 졸속 행정이 만들어낸 끔찍한 사건이었다. 이 광주대단지 사건과 함께 70년대 한국 도시계획에서 또 다른 처참한 결과를 낳았던 것이 서울 종로 한복판의 세운상가였다.

세운상가는 한국 도시계획의 역사에서 아주 중요한 장면이다. 지금까지 항상 많은 문제로 지적되어온 도시 재개발사업 지역으로 맨 처음 지정된 것이 세운상가 프로젝트였다. 세운상가로 개발된 지역은 일본이 일제강점기 후반에 '소개도로'로 만든 길이었다. 소개도로는 당시 태평양전쟁을 일으켰던 일본이 연합군의 폭격으로 서울에 화재가 일어날 경우 불길이 도시 전체로 번지는 것을 막을 수 있도록 만든 폭 30~50미터에 이르는 넓은 길이다. 이 소개도로 중에서 가장 대표적인 것이 종묘 앞에서 퇴계로 필동까지 종로-청계천-을지로를 관통하는 넓은 길이었다.

이 길이 단숨에 새로운 거대 건물군으로 바뀌게 된 것은 김현옥 서울시장 때의 일이었다. 군 출신이었던 김현옥 시장은 군사쿠데타로 나라를 빼앗아 독재정권을 세운 박정희 당시 대통령의 핵심 충복으로, 군사작전을 벌이듯 서울시를 미친 듯이 개조해 '불도저'란 별명을 얻었다.

김현옥 시장은 재임 시절 서울의 여러 산꼭대기에 시민아파트를 한꺼번에 무려 400여 채나 지었는데, 평지를 놔두고 불편한 고지대에 아파트를 지은 이유는 박정희 대통령이 쉽게 볼 수 있는 자리에 지어야 자신이 얼마나 일을 열심히 하는지 알 수 있기 때문이었다고 당시 그의 측근들은 증언한 바 있다. 그렇게 무모하게 정책을 추진하는 바람에 결국 마

현재 세운상가 전경.
세운상가는 한국 최초의 도시 재개발사업이었다

포에 지은 와우아파트가 짓자마자 붕괴되는 최악의 사고가 벌어졌고, 그는 서울시장에서 물러났다. 하지만 그 뒤 바로 내무부 장관으로 영전되었을 만큼 박정희의 총애를 받았다.

이 불도저 시장이 시민아파트와 함께 가장 중요하게 추진했던 사업이 세운상가를 짓는 재개발이었다. 세운상가는 프루이트 아이고처럼 저음의 의도는 실로 그럴 듯해 보인 프로젝트였다. 건축적으로는 대형 건물로 도시를 바꾸자는 현대 모더니즘 건축의 이상을 실현하려는 것이었다. 아래는 상업시설, 위는 고급 아파트인 복합건물 여덟 채를 지어 서울의 동맥인 종로, 청계천, 을지로, 퇴계로를 관통해 잇는다는 거대한 구상이었다.

이 세운상가를 설계한 이가 당대 최고의 건축가로 꼽혔던 김수근이었다. 일본 신사를 모방했다는 논란을 일으킨 부여박물관으로 커다란 홍역을 치렀던 바로 그 김수근이다. 부여박물관이 왜색 논쟁을 불렀던 바로 그즈음 김수근은 탁월한 정치적 능력으로 서울에서 가장 중요한 곳에 들어서는 이 엄청난 일감을 따냈다. 그리고 모더니즘 건축의 이상을 교과서적으로 실현하는 설계를 했다. 건물 맨 아래층은 모두 길로 비워 차들이 다니게 하고, 사람들은 2층 공중보도로 다니게 한다는 것이 핵심이었다. 한 축으로 늘어선 상가 건물들을 공중보도로 연결해 사람과 차가 완전히 분리되어 교통을 원활하게 하는 동시에 보행자들은 2층에서 거리를 내려다보며 안전하고 여유롭게 걸을 수 있다는 생각이었다. 외국에선 이미 오래전에 등장한 개념이었지만 국내에선 한 번도 시도된 적이 없는 이 개념을 세운상가가 처음으로 시도한 것이다. 김수근은 초대형, 최고급 프로젝트였던 만큼 아파트 중간을 빈 공간으로 처리해 개방감을 극대화하고 옥상에는 다양한 조형물로 치장하는 등 많은 정성을 쏟았다.

당시만 해도 한국은 세계에서 가장 가난한 나라로 꼽힐 때여서 쉽지 않은 계획이었지만 김현옥 시장은 민간자본을 유치하는 데 전력을 기울여 서울을 새롭게 개조한다는 야심을 성사시켰다. 그리고 '세상의 기운이 다 모여라'라는 뜻으로 직접 세운상가라는 이름까지 지었다. 그의 바람대로 세운상가는 국내 최고급 주거단지로 화려하게 출발했다.

1968년 국내 최초의 주상복합건물인 세운상가는 엄청난 관심 속에 문

건물 아래는 차들이 다니고
사람들은 2층 공중보도로 다니는 것이 세운상가 설계의 핵심

을 열었다. 아파트조차 드물었던 60년대 말, 아래 1~4층은 상가이고 그 위는 아파트인 건물은 그야말로 생소하고 특별했다. 유명 연예인과 고위 공직자와 대학교수 등 사회 명사들이 대거 입주해 더욱 화제가 됐다.

그러나 이상과 현실은 달랐다. 세운상가는 서울 구도심을 살리기는커녕 종로에 치명상을 입혔다. 너무 큰 상가 건물이 동-서로 이어지는 종로, 청계천, 을지로, 퇴계로를 남북으로 관통하면서, 세운상가를 중심으로 양쪽에 극심한 단절이 생겼다. 서울에서 가장 중요한 핵심부에 세운상가란 건물이 폭탄처럼 떨어져 주변이 초토화된 것이다.

　지금도 세운상가 양옆은 허름하고 낡은 저층 건물들이 상가를 중심으로 정확하게 대칭 꼴로 슬럼가를 형성하고 있다. 거의 한국전쟁 직후의 모습이라고 해도 믿을 정도로 40년 동안 낙후된 상태가 이어지고 있는 것이다. 대형 건물이 들어설 때 주변에 미치게 될 영향을 제대로 살피지 않고 무조건 도심에 폼 나는 건물을 만들자고 밀어붙인 전시 행정이 만들어낸 참혹한 결과다.

　이론적으로는 그럴듯했던 공중보도도 무용지물이었다. 굳이 땅 위를 놔두고 건물 위로 올라가 삭막한 시멘트 길을 걸으려는 사람은 없었다. 차들이 주로 다니도록 한 건물 아래 통로 역시 어둡고 살벌한 동굴 같아서 기피 공간이 되어버렸다. 한동안 전성기를 누렸던 세운상가는 이후 도시 안에서 고독한 섬이 되었다. 그리고 70년대 들어서면서 동부이촌동 한강맨션아파트, 여의도 시범아파트 등 대규모 중산층 아파트들이 생기면서 주민들은 속속 더 좋은 아파트로 이사해 떠나갔다.

　주거지로선 실패했지만 세운상가는 한국 최대의 전자상가로 자리 잡았다. 그러나 동시에 서울에서 가장 음습한 곳으로 전락한다. 각종 포르노 해적판을 사고파는 곳이자 몰래카메라, 도청장치, 도박용품 등 온갖 불법 물건들이 유통되는 곳이 세운상가였다. 전자상가로서의 전성기도 오래가지 못했다. 용산에 훨씬 더 큰 전자상가 단지가 들어서면서 세운상가는 급속도로 침체되며 내리막길을 걸었다.

　세운상가는 충분한 고찰 없이 막연하고 검증 안 된 이론만으로 건축

삭막한 시멘트로 만들어진 공중보도는 무용지물이 되었다

온갖 불법 물건들이 유통되던 세운상가, 전자상가로서의 위상도 용산에 넘어가버렸다

과 도시가 만들어지지 않는다는 당연한 진리를 처절하게 반면교사로 가르쳐준 건물이었다. 도시에서 가장 중요한 것은 건물과 도시, 건물과 건물, 건물과 인간 사이의 유기적이고 건강한 순환 관계다. 거대한 건물 하나가 잘못 들어설 때 도시의 기본인 이 세 가지 층위의 관계가 모두 망가진다는 것을 세운상가는 잔인하게 입증했다. 그 대가는 실로 크고 막대한 것이었다. 무지막지한 삽질 정신의 시장과 이상만 가득했던 30대 건축가의 실험은 서울에 씻기 힘든 흉터를 남겼다.

세운상가는 지어진 지 불과 20년쯤 지났을 때부터 흉물 취급을 받으며 다시 재개발해야 한다는 지적이 이어졌다. 하지만 해법은 좀처럼 나오지 않았다. 서울 도심에 왜 이런 건물이 들어섰는지, 그 건물을 어떻게 고쳐야 하는지 좀처럼 풀 수 없는 난해한 시험문제 같은 건물이었다. 실제 전국 대학 건축학과에서 도시계획 수업시간에 가장 많이 과제로 다뤄지는 건물이 세운상가였다.

결국 서울시는 2008년 연말 세운상가 철거를 시작했다. 당시 오세훈 서울시장은 회색 괴물이 된 상가 여덟 개를 모두 헐어버리고 대신 녹지를 조성해 종묘부터 남산으로 이어지는 '녹색축'을 만들겠다는 또 다른 야심찬 계획을 내놨다.

그러나 오세훈 시장의 계획은 녹지축 주변에 건물을 지을 소유주에게 보다 높은 빌딩을 짓게 배려해주는 대신 녹지 조성 비용을 부담시키겠다는 것이었다. 때문에 이름만 녹색축일뿐, 실제로는 녹지공원 양쪽을

흉물 취급을 받으며 다시 재개발해야 한다는
지적을 받고 있지만 해법은 요원하다

빌딩 숲으로 만들어 이 일대를 다시 한 번 망칠 가능성이 높다는 비판이 거세게 일었다.

  논란 속에서 먼저 세운상가가 완전히 철거됐고 그 자리에는 작은 공원이 먼저 들어섰다. 하지만 녹지축 사업의 성사 여부는 다시 불투명해진 상태다. 막대한 비용이 들고 효과도 불투명한 계획 대신 철거하려던 건물을 리노베이션하는 게 경제적으로 더 효과적이며, 오락가락 행정으로 고통받는 입주 상인들도 보호할 수 있는 대안이라는 의견이 나오고 있어서다. 그 사이에서 서울시는 고민에 고민을 거듭하고 있다.

이런 점에서 세운상가는 프루이트 아이고와 비슷하면서도 다르다. 프루이트 아이고는 17년 만에 사라졌지만 세운상가는 반세기 가까이 도시를 옥죄며 괴롭히고 있다. 잘못된 도시계획은 이처럼 지독한 것이다.

미국의 영화감독 차드 프리드리히는 세인트루이스의 신화가 되리라고 추진되었지만 악몽으로 끝나버린 프루이트 아이고 사건을 당시 주민들, 그리고 이 단지를 연구한 사회학자들의 증언을 토대로 다큐멘터리 영화《프루이트 아이고 The Pruitt-Igoe Myth》(2011)를 만들었다. 영화 마지막 부분 내레이션은 프루이트 아이고가 남긴 교훈을 이렇게 정리하고 있다. "프루이트 아이고를 짓던 시절엔 소수에게만 특권을 주고 나머지의 가난을 방치하는 예전과 다르지 않은 방식으로 도시가 변화했다. 이제 이 도시는 과거와는 다른 식으로 변해야 한다"고. 그리고 다음 세대에서 도시에 새로운 변화를 시도할 때 이 비운의 아파트를 기억해야 한다고 지적하면서 끝을 맺는다.

우리는 과연 어떨까. 세운상가의 교훈을 기억하기보단 잊어버리기에 바쁘다. 도시와 시민에 대한 정·관계의 인식은 광주대단지 사건이 벌어졌던 70년대에 머물러 있는 수준이다. 여전히 소득이 낮은 사람들을 몰아내고 그 자리에 고층 아파트를 지어 돈 많은 이들로 채우는 재개발 방식이 한국을 지배하고 있고, 이명박, 오세훈 두 시장 시절에는 '뉴타운'이라고 이름만 바뀌어 더욱 성행했다. 세운상가는 사라졌어도 한국

대도시의 도시계획은 좀처럼 나아지지 못하고 있는 것이다.

마르크스는 "역사는 반복된다. 한 번은 비극으로, 다른 한 번은 희극으로"라고 말했다. 그러나 잘못된 도시계획은 늘 비극으로만 되풀이된다. 그래서 더욱 신중해야 하고 더욱 고민해야 한다. 프루이트 아이고와 세운상가란 건물은 사라졌어도 그 이름은 여전히 우리 곁에 뼈아프게 남아 있다.

도시는 과거와는 다른 식으로 변해야 한다
그리고 다음 세대에서 도시에 변화를 시도할 때
이 비운의 아파트를 기억해야 한다

프루이트 아이고와 세운상가

미친 아버지, 그 아버지를 응징한 아들, 슬픔의 성

아그라포트

인도의 마지막 왕조 무굴제국의 원래 수도는 지금의 인도 수도인 델리가 아니라 아그라였다. 델리로 옮겨가기 전까지 수도였던 아그라는 옛 영화를 간직한 도시답게 인도를 대표하는 관광지로 이름이 높다. 그중에서도 가장 유명한 것은 인도 역사상, 아니 인류 역사상 가장 유명한 건물인 타지마할이다.

그러나 아그라에 타지마할만 있는 것은 아니다. 무굴제국이 남긴 특별한 건축들이 도시 일대에 가득하다. 유네스코 문화유산으로 지정된 아름다운 성 파테푸르 시크리도 아그라 바로 옆에 있다. 무굴제국이 한

물이 없어서 겨우 14년밖에 수도 역할을 하지 못한
파테푸르 시크리

때 수도를 아그라에서 시크리로 옮기면서 잠깐 수도가 되었던 궁전 파테푸르 시크리는 알고 보면 실로 황당한 신도시였다. 이곳이 수도였던 기간은 겨우 14년 동안이었다. 무굴제국은 아주 잠깐 이 도시에 터를 잡은 뒤 곧바로 수도를 아그라로 되돌려야 했다. 그 이유는 너무나 어처구니없게도 '물이 없어서'였다.

이 파테푸르 시크리를 세운 황제는 악바르였다. 악바르는 '위대한'이란 뜻이다. 그 이름에 걸맞게 악바르는 무굴제국에서 가장 위대한 황제로 꼽힌다. 신생 왕조 무굴제국이 기틀을 잡았던 것이 3대째인 악바르 황제의 시대였다. 그래서 그는 보통 황제가 아니라 '위대한 황제'란 뜻인 '악바르 대제'로 불린다.

악바르는 인도판 영조 임금 같았던 황제였다. 무려 50년이나 재위하

위대한 황제 악바르가 만든 파테푸르 시크리의 건물은
여러 종교의 양식을 혼합하여 지었다

면서 신생 무굴제국의 전성기를 열었다. 그가 위대했던 이유는 전투에선 용맹하고 결단력이 강했고, 통치에선 관용적이고 문화에 관심이 많았기 때문이다. 이슬람 왕조의 황제였지만 다른 종교들을 탄압하지 않고 종교들이 평등하게 공존할 수 있도록 노력했다. 그래서 각각 힌두교, 이슬람교, 불교 신자인 황후를 아내로 맞았다. 인도의 가장 큰 문제가 종교 대립이라고 생각한 그는 각 종교의 상섬만 뽑아 새로운 종교를 만들려고까지 했다. 새 궁궐 파테푸르 시크리에도 '예배의 집'을 만들어 각 종교 지도자들이 모여 종교에 대한 토론을 벌였다. 실제 파테푸르 시크리는 여러 종교의 양식들이 혼합된 건축물이기도 하다. 이슬람교 양식을 중심으로 힌두교, 불교, 자이나교, 기독교 양식까지 다양한 종교 건축 장식이 들어 있다. 아그라에 있는 악바르의 무덤에는 입구가 네 개 있는

데, 하나하나가 서로 다른 종교를 상징하는 모습이다. 그만큼 그는 종교 문제에 많은 신경을 썼다.

그러나 이 위대한 대제도 때론 실수를 했던 모양이다. 파테푸르 시크리를 의욕적으로 건설했지만 실패했던 것이 그 증거다. 물론 그가 수도를 옮긴 데는 나름의 이유가 있었다. 악바르는 구자라트의 반대 세력을 무찌른 승리를 기념하기 위해 이 도시를 세웠다. 파테푸르 시크리란 이름 자체가 '승리의 도시'란 뜻이다. 그러나 새 도시는 물이 부족했다. 주변에는 큰 강이 없었고 도시 안의 우물은 고작 스물몇 개 뿐. 수만 명이 살아가기엔 턱없이 모자랐고, 전염병이 돌고 말았다. 황제는 결국 자기가 직접 세운 도시를 포기해야 했다.

악바르가 떠난 뒤로 파테푸르 시크리는 유령의 도시처럼 400년 동안 방치되었다. 그러나 오히려 그 덕분에 다른 어떤 건축물보다도 완벽하게 그 아름다움이 보존되었다. 압도적이거나 화려하지 않은 이 궁전은 온통 폐허가 된 언덕 위에 홀로 고고하게 남아 있다. 폐허와 왕궁이 어울리는 모습, 그 속에 담긴 절대적인 정적감, 버려진 공간이 풍기는 묘한 느낌이 조화를 이루는 그 분위기는 표현하기 어려울 정도로 매력적이다.

악바르를 비롯한 무굴제국 황제들의 특징은 건축에 집착했던 점이다. 황제들이 남긴 유적들이 지금 델리와 아그라를 대표하는 인도의 간판 건축물이 됐다. 악바르 대제가 지은 것으로는 파테푸르 시크리와 아그라포트가 가장 유명하다. 악바르의 손자인 샤자한 황제가 지은 건물은

붉은 사암으로 지은 아그라포트는
인도에서 반드시 가봐야 하는 건축물이다

단연 절대적인 아름다움을 자랑하는 타지마할

  수도 없이 많은데 그중 하나가 타지마할이다. 그리고 증손자 아우랑제브 황제도 여러 건축물을 남겼다. 하지만 아우랑제브의 건축들은 증조할아버지 악바르와 아버지 샤자한이 남긴 건축들에는 한참 못 미쳤다. 그만큼 악바르 시기의 건축물들은 아름답다. 그중에서도 붉은 사암으로 지은 아그라포트는 인도에서 반드시 가봐야 할 건축이다.

  아그라포트는 악바르가 수도를 파테푸르 시크리로 옮긴 다음 옛 수도 아그라에 지었던 성이다. 이름에 아그라가 붙었듯 아그라의 핵심이자 상징인 건물인데, 바로 옆에 있는 타지마할이 너무나 화려하다 보니 그 빛이 가려진 건물이다. 그건 어쩔 수 없는 일이었다. 그만큼 타지마할이 절대적으로 아름답기 때문이다. 아그라포트가 꼭 가봐야 할 건축물인 이유 하나도 야무나강을 사이에 두고 마주 보고 있는 타지마할의 아

아그라포트에서 바라본 타지마할. 아그라포트는 운명적으로 타지마할과 함께 봐야 그 진가가 드러나는 곳이다

름다운 자태를 바라보기 위해서다. 아그라포트는 운명적으로 타지마할과 함께 봐야 그 진가가 드러나는 곳이다.

거대한 요새인 아그라포트는 먼저 높은 성벽이 인상적으로 다가온다. 성벽 높이는 20미터, 7층 건물 높이다. 10미터인 중국 자금성 성벽보다 두 배나 높다. 동서양의 모든 성들이 그렇듯 성벽 주변에는 방어를 위해 해자를 팠다. 인도 성들은 해자가 다른 나라보다 훨씬 넓고 깊다. 그 이유는 인도의 '탱크'였던 코끼리 부대의 공격을 막기 위해서다. 해자를 건너 성문으로 들어서면 이 아그라포트가 얼마나 방어 목적에 충실하게 지었는지 실감하게 된다.

아그라포트의 정문을 지나면 문이 또 나온다. 성의 남쪽 문이다. 두 번째 남문 다음에는 더 크고 웅장한 세 번째 문을 다시 지나야 한다. 아그라포트는 이렇게 성벽을 여러 겹으로 만들어 적이 문 하나를 뚫고 들어와도 다음 관문으로 막을 수 있게 했다. 세 번째 문을 통과하면 경사로가 나온다. 아무런 장식조차 없는 길이어서 과연 어떤 공간이 나올지 기대감이 고조된다. 그리고 마지막 네 번째 문이 또 나오고, 그 안에 비로소 진짜 궁전 내부가 펼쳐진다. 기하학적으로 조경한 정원, 왕이 사람들을 만나는 인도 특유의 접견실 건물 '디와니암', 아름다운 부속 건물들이 한눈에 들어온다.

성의 끝, 강가를 바라보는 성벽이 타지마할이 가장 잘 보이는 곳이다. 유유히 흐르는 야무나강 너머 너른 벌판에 타지마할이 하얗게 빛나고 있다. 멀리 떨어져서 바라보는 타지마할은 타지미할 경내에서 보는 모습과는 느낌이 또 다르다. 주변에는 아무 건물이 없고 오로지 타지마할 홀로 수평선을 지배하며 고고하게 서 있는 모습은 숨 막히도록 환상적이다.

이 성벽에 타지마할을 위한 전망대처럼 솟은 8각형 탑이 있다. 탑의 이름은 무삼만 버즈, '포로의 탑'이란 뜻이다. 탑 안에서 타지마할만 바라보다가 죽은 포로가 있었기 때문이다. 그 포로는 뜻밖에도 황제였다. 악바르의 손자였던 샤자한, 다름 아닌 타지마할을 세운 그 황제였다. 그리고 황제를 탑 안에 가둔 사람은 그의 셋째 아들 아우랑제브였다.

아우랑제브는 왜 아버지를 쫓아내고 감옥에 넣는 패륜을 저지른 것일까? 아들이 목숨을 걸고 쿠데타를 감행한 것은 물론 권력을 향한 욕망

건물 7층 높이의 아그라포트 성벽

방어를 위해 성벽 안에 겹겹이 벽을 쌓았다

아무런 장식 없는 경사로가 길게 이어진다

네 개의 성문을 지나서야 진짜 궁전 내부가 펼쳐진다

기하학적으로 조경한 정원과 접견실 건물

때문이었다. 권력욕에 불탔던 아들은 아버지에게 실로 가혹한 벌을 내렸다. 아버지 필생의 역작이자 어머니의 무덤인 타지마할을 평생 다시 가지 못하게 한 것이다. 샤자한은 사랑하는 부인의 무덤을 코앞에 두고 바라만 보면서 9년 동안 갇혀 있다가 숨을 거둔다. 세상에서 가장 아름다운 건물에 얽힌 지독한 비극이었다.

아버지와 아들의 관계는 불안하고 파괴적이기 쉽다. 그러나 평범한 사람들에겐 가부장적인 아버지에 대한 통과의례적 수준의 반감인 경우가 대부분이다. 아들이 아버지를 경쟁 상대로 여기고 아버지를 넘어서려 하는 '오이디푸스 콤플렉스'가 실제 현실에서 일어나게 되는 것은 거의 100퍼센트 권력 때문이다. 아버지의 권력(또는 돈)이 강할수록 아들의 반역은 더 빈번하게 일어나게 된다. 어느 나라 어느 왕조의 역사에서나 이런 사례들은 어렵지 않게 찾아볼 수 있다. 최고 권력자의 자리는 부자지간도 초월하게 만드는 절대반지와도 같은 유혹인 것이다.

몇몇 왕조는 이런 살부殺父 충동을 조장하는 듯한 제도를 유지하기도 했다. 실용주의와 상무정신을 강조하는 나라일수록 그런 편이었다. 중국 한족을 지배했던 만주족의 나라 청나라와 무굴제국이 대표적이다. 두 나라 모두 장자 계승 대신 능력 제일주의에 따라 전투에서 공을 세우거나 권력투쟁에서 이긴 아들이 왕위를 물려받았다. 물론 왕자들이 반란을 일으킬 수 있는 위험성, 그리고 왕자 형제들이 싸움을 일으킬 가능성을 황제들이 몰랐을 리는 없었다. 그래서 청나라의 기틀을 세운 무자비

한 황제 옹정제는 왕위 계승을 놓고 골육상쟁이 일어날 것을 막기 위해 황제가 죽은 다음에야 비밀 장소에 숨겨놓은 유언장을 통해 후계자를 알리는 장치를 고안해냈다.

무굴제국은 청나라 같은 승계자 선정 제도를 만들지는 못했다. 그 탓에 권력욕에 사로잡힌 아들이 아버지를 상대로 쿠데타를 벌이는 것이 일삼아 반복됐다. 왕자로선 형제들과 힘들고 오래 경쟁을 하느니 곧바로 아버지 자리를 빼앗는 게 훨씬 확실하고 간단했기 때문이었다. 물론 실패하면 목숨을 잃는 것이었지만, 어차피 형제들 사이의 투쟁에서 지면 아무것도 얻지 못하는 것은 마찬가지였다.

위대했던 저 악바르도 이 때문에 말년을 힘들게 보내야 했다. 1600년, 악바르가 원정길에 나섰을 때 아들 살림이 아버지가 궁궐을 비운 틈을 타 스스로 황제 자리에 올랐다. 살림이 반란을 일으킨 것은 악바르가 자신을 건너뛰고 손자인 미르자에게 황권을 계승하려 해서였다. 악바르는 부랴부랴 되돌아와서 아들을 찍어 누르고 다시 자기 자리를 안정시켜야 했다.

아들 살림은 5년 뒤 악바르가 세상을 떠난 다음에야 비로소 황제 자리를 물려받아 4대 자한기르 황제가 된다. 그러나 자한기르 자신이 아버지에게 반역을 저질렀던 것처럼 그의 아들인 미르자가 대를 이어 반역을 일으켰다. 아버지 자한기르가 황제가 된 지 불과 1년밖에 안 되었을 시점이었다. 자한기르는 반란을 진압한 뒤 아들 미르자의 눈을 멀게 해서 추방했다.

 자한기르에 이은 5대 황제가 그의 셋째 아들인 악바르의 손자 샤자한이었다. 그런데 샤자한 역시 자기 아버지에 반기를 들었던 왕자였다. 자한기르는 말년에 두 번째 부인 누르자한과 결혼했는데, 두 사람 모두 재혼이었다. 이 누르자한 황후의 오빠는 왕자 샤자한의 장인이기도 했다. 누르자한의 조카인 아르주만드 바누 베굼이 열네 살 때 샤자한에게 시집간 것이다. 누르자한은 자기 오빠의 사위이자 능력 좋은 샤자한을 제쳐놓고 동생인 넷째 아들이 황제가 되기를 바랐다. 그래서 전 남편 사이에서 낳은 딸을 넷째 왕자와 결혼시켜 권력을 장악하려 했다. '자기 남편의 아들에게 자기 딸을 시집 보낸다'니 막장 드라마도 이런 막장이 없지만 원래 어느 제국에서나 황실이란 그런 법이었다.

 화가 난 샤자한도 자기 아버지가 그랬던 것처럼 반역을 시도한다. 하지만 아버지와의 전투에서 패해 도망자가 된다. 그러다가 3년 뒤 가까스로 아버지와 화해를 하며 목숨을 건졌다. 화해 조건으로 샤자한은 아들 아우랑제브를 아버지 자한기르에게 인질로 보냈다.
 이후로도 황실의 권력 싸움은 계속됐다. 자한기르가 죽은 뒤 샤자한의 동생은 계모이자 장모인 누르자한의 의도대로 황제 자리에 올랐다.
 기회를 노리며 야인 생활을 하던 샤자한은 자신이 올라야 할 황제 자리에 동생이 오르자 다시 한 번 승부수를 던진다. 장인을 찾아가 한판 승부를 벌이자고 제안한다. 앞서 이야기했듯 장인은 계모 누르자한의 오빠였다. 아버지의 부인과 싸우기 위해 아버지 부인의 오빠인 장인에게 도움을 청한 것인데, 이 장인은 자기 여동생 대신 사위의 편을 들기로 결정했다. 제국 군대도 새 황제보다는 샤자한을 지지하고 있었기에 샤자한은 도박에 성공해 마침내 황제가 됐다. 그리고 아버지의 부인이자 정적이었던 누르자한을 아버지 무덤 옆에 유폐시켜 평생 아버지의 무덤을 돌보게 했다. 의붓아들 왕이 의붓어머니 왕비를 유배하는 이 장면은 광해군이 정치적 라이벌이었던 인목대비를 덕수궁에 유폐시켰던 것을 연상시키는 대목이다.

천신만고 끝에 황제가 된 샤자한은 힘들게 권력을 얻은 만큼 정치에 많은 노력을 기울여 악바르에서 아우랑제브로 이어지는 무굴제국의 전성기를 이끌었다. 그의 시대 여러 도시들이 지방 중심지로 발전했고 문화와 예술도 크게 부흥했다.

그러나 이 샤자한이 진정 남달랐던 것은 자기 부인을 실로 맹목적일 정도로 뜨겁게 사랑한 황제였던 점이었다. 그처럼 부인을 사랑했던 황제는 세계사에서 찾아보기 어려울 정도다.

무굴제국 황제들은 고려 태조 왕건이 그랬듯 권력 유지와 화합을 위해 정략적으로 여러 부인을 뒀는데, 샤자한은 부인들 중에서 오로지 아르주만드 바누 베굼만을 사랑했다. 그리고 이 부인에게 '황궁의 보석'이란 뜻의 뭄타즈 마할이란 이름을 붙여줬다.

그러나 뭄타즈 마할은 남편과 백년해로를 누리지 못하고 14번째 아이를 낳다가 죽었다. 샤자한은 실로 큰 충격에 빠져 며칠을 앓아누웠다. 죽은 부인을 아무리 그리워해도 그를 되살릴 순 없었다. 오르페우스처럼 울부짖던 황제는 자기가 부인을 얼마나 사랑하는지 보여주기로 마음먹었다. 세상에서 가장 아름다운 무덤을 짓기로 한 것이다. 그래서 타지마할이 지어지게 된다.

문제는 황제가 부인의 무덤을 너무나 '심하게 아름답게' 짓고자 했던 것이었다. 세상을 떠난 뭄타즈 마할이 다시 세상에 돌아와 살아야 할 곳이니 낙원처럼 호화롭게 지어야 한다고 황제는 굳게 믿었다.

건축광으로 수많은 건물을 지은 샤자한은 인생 후반을 이 건물 하나 짓는 데 몽땅 바쳤다. 아내가 죽은 뒤 2년 동안 건축가들과 무덤 건축에 대해 토론해 모든 것을 최고로 짓기로 기획했다. 거의 광기에 가까운 집착이었다.

뭄타즈 마할이 죽은 지 1년이 지났을 무렵 공사가 시작됐다. 무려 20만 명에 이르는 인부와 수많은 코끼리가 동원됐다. 묘지의 수석 건축가는 이란 출신의 우스타드 이샤였다. 그는 건축주인 황제의 광기를 알아보고 그 광기에 걸맞은 건축으로 호응했다. 아름다운 장식을 제대로 만들려면 뭐든지 명품으로 해야 한다고 주장하면서 대리석, 벽옥, 수정, 진주, 에메랄드, 터키옥, 청금석, 사파이어 등을 장식재로 수입했고, 중국은 물론 터키와 이탈리아에서까지 기술자를 불러 무덤을 꾸몄다. 물론 샤자한은 아낌없이 비용을 지불했다. 무굴제국의 재정은 이 무덤 하나로 크게 흔들렸지만, 황제는 개의치 않았다.

마침내 묘역이 완공된 것은 1653년, 뭄타즈 마할이 죽은 지 22년 만이었다. 황제는 정해진 시간에 흰 옷을 입고 이 걸작 무덤을 찾아갔는데, 갈 때마다 눈물을 흘리지 않은 적이 없었다고 한다. 그야말로 지극한 사랑이었다.

이렇게 돈을 물 쓰듯 해 지은 타지마할은 효용가치로 보면 세상에서 가장 쓸모없는 건물이다. 효과와 비용을 따졌다면 결코 지을 수 없었을 건축이었다. 화려한 백색 본관 안에는 그저 관 하나만 달랑 있을 뿐이다. 그 관 하나를 위해 초호화 건물을 짓고, 엄청난 대지를 조경과 수경공간으로 꾸미고, 부속 건물을 지어 거대한 복합공간을 만들었다. 부인을 위해 모든 것을 다 바친다는 심정으로 지었기에 지독하게 아름다울 수 있었다. 타지마할을 직접 보게 되면 스탕달 신드롬(훌륭한 예술작품을 직접 보는 순간 느끼게 되는 충격이나 흥분)이란 것이 실제 존재한다는 걸 알게 된다.

타지마할이 완공되었을 때 샤자한은 이미 환갑을 넘긴 노인이 되어 있었다. 그는 쇠약해졌고, 그의 자식들 사이에서 이번에도 권력 투쟁이 벌어졌다. 타지마할을 짓고 4년이 흘렀을 즈음이었다. 네 명의 왕자들은 저마다 황제가 되기 위해 싸움을 벌였는데, 최종 승자는 이번에도 셋째 아들 아우랑제브였다.

아우랑제브는 황제가 되기 위해 태어난 사람이었다. 그는 자기 조상인 무굴제국의 원조인 중앙아시아의 정복자 티무르처럼 되는 것이 꿈

스탕달 신드롬을 직접 경험하게 만드는,
지독히 쓸모없으면서 지극히 아름다운 건물, 타지마할

이었다. 티무르처럼 제국을 넓혀 이슬람교를 널리 퍼뜨리겠다는 목표에 일생을 바치겠다고 결심했다. 그래서 일찌감치 황제가 되기 위해 스스로에게 늘 주문을 걸었다. 무굴의 황제였던 자기 아버지와 할아버지처럼 감정적인 사람이 되지 않기 위해 오락이나 주색잡기를 멀리하면서 군사 원정에 늘 참여해 전쟁을 익혔다.

그렇게 야망에 불탔던 왕자였으니 아버지 샤자한이 병으로 눕자마자 곧바로 형제들과 치열한 싸움을 벌였고, 최후의 승자가 되어 그토록 원했던 황제가 된다. 그리고 경쟁자였던 큰형을 공개 참수형에 처하는 한편 병든 아버지를 아그라포트에 가둬버렸다.

아들이 아버지 왕을 붙잡아 감옥에 가둔 이 이야기는 후백제를 세운

샤자한은 죽은 이후에야 포로의 탑을 빠져나와
타지마할에 있는 아내 곁으로 갈 수 있었다

견훤이 장남 신검에게 유폐당한 이야기와 거의 똑같다. 아버지 견훤이 왕위를 장남인 자신이 아니라 동생 금강에게 물려주려 하자 신검은 쿠데타를 일으킨 뒤 동생 금강을 죽이고 아버지 견훤을 금산사에 가뒀다. 그러나 샤자한과 견훤의 이야기는 그 결말이 달랐다. 견훤은 석 달 만에 금산사를 탈출해 적이었던 왕건에게 투항했다. 그리고 왕건을 도와 자신을 쫓아낸 아들과 싸워 자신이 세운 나라를 망하게 하면서까지 복수했다.

 샤자한은 그러지 못했다. 자기 할아버지 악바르와 아버지 자한기르처럼 아들에게 배신당한 그는 포로의 탑에 갇혀 1666년 예순네 살에 숨을 거뒀다. 그리고 그토록 보고 싶어 하며 바라보기만 했던 타지마할로 옮겨져 아내 곁에 묻혔다.

  아우랑제브 시대 무굴제국은 최고 전성기를 맞았다. 전쟁광이었던 아우랑제브는 영토 확장과 정복전쟁에 전력을 다해 인도 전역을 거의 모두 정복했다. 그러나 절정 속에서 무굴제국의 쇠락은 시작되고 있었다. 영토는 넓어졌어도 무굴에 저항했던 적들은 굴복하지 않고 아우랑제브의 침략에 맞섰다. 끈질긴 적들을 모조리 굴복시키지 못한 게 너무나 속이 상했던 아우랑제브는 우울증에 걸려 괴로워하다 죽었다. 그가 죽은 이후 무굴제국은 급속도로 힘을 잃어갔다.

  아우랑제브에게 부인에 대한 사랑 때문에 쓸데없는 건물 짓느라 나라 경제를 흔들리게 한 아버지는 원망과 불만의 대상이었을 것이다. 그는 아버지 샤자한이 죽을 때까지 한 번도 그를 다시 만나지 않았다. 그러나 아버지가 싫어 가둬버리고 포로 취급을 했던 그는 자신도 결국 아버지와 똑같은 일들을 했다. 역설적이고 묘한 인간의 속성이다.
  그는 할아버지에게 도전했던 아버지처럼 아버지에게 도전했고, 잔인하게 정적이었던 가족들을 처단했던 아버지처럼 황제가 되는 과정에서 형제 셋과 아들 하나, 조카 하나를 죽였다. 그중에서도 가장 역설적인 사실은 죽은 아내를 못 잊어 타지마할을 세웠던 아버지처럼 자신도 부인 라비아 다우라니의 무덤 '비비 카 마크바라'를 세운 것이다.
  무굴의 절정기에 만들어진 샤자한의 타지마할이 제국의 절정을 미학

건축미학의 퇴보를 보여주는 비비 카 마크바라

의 절정으로 보여줬다면, 아우랑제브의 비비 카 마크바라는 오히려 건축미학의 퇴보를 보여준다. 타지마할에 견주면 그 아름다움은 초라할 정도이며, 건축적으로도 비례나 디자인은 조악한 수준이다. 무굴제국의 시들어가는 모습이 마치 건물에 담겨 있는 듯하다. 아들의 건물은 아버지의 건물에 발끝에도 미치지 못하는 것이었다.

인간은 권력에 사로잡힐 때, 그리고 권력을 휘두를 수 있을 때 극단적인 존재가 된다. 지배자들의 공간인 궁전은 화려하고 웅장해도 그 속에선 늘 피비린내 나는 음모와 복수가 벌어지기 마련이다. 그래서 궁전에선 인간이 저지를 수 있는 가장 기구하고 비극적인 이야기들이 벌어진다.

조선 왕실이 개국과 함께 지었던 정궁 경복궁을 비워둔 채 조선 역사의 대부분을 창덕궁에서 보낸 것도 그런 이유에서였다. 조선 왕들이 창덕궁을 선호했던 것은 경복궁에 비하면 작지만 대신 아담하고 아름다운 자연환경을 갖춰 인간적인 분위기가 더 강했기 때문이었을 것이다. 그러나 보다 근본적인 이유는 개국 초기 경복궁에서 왕자의 난이 두 차례나 벌어지면서 수많은 이들이 죽고 죽인 끔찍한 기억 때문이란 것이 학자들의 정설이다.

아그라포트는 궁전 건축이 최고의 건축이자 최악의 공간이 될 수밖에 없는 운명을 지녔음을 가장 잘 보여주는 곳이다. 샤자한과 아우랑제브의 기괴할 정도로 복잡하고 처절했던 이야기가 이 슬픈 성에 담겨 있다. 그래서 타지마할은 꼭 아그라포트에서 바라봐야 한다.

기괴할 정도로 복잡하고 처절한
이야기가 담긴 슬픈 성

아그라포트

창덕궁 정자
왕의 정자,
정자의 왕을 만나다

선교장
조선 최고 부자가 일군 즐거운 소통의 집,
전통백과사전 같은 저택

충재
세상에서 가장 작아
가장 커진 집

문훈발전소
점집과 정자로 꾸민
세상에서 가장 유쾌한 사무실

즐거움

왕의 정자,
정자의 왕을 만나다

창덕궁 정자

서울에 사는 게 행복할 때가 있다. 문득 이 복잡한 도시에서 잠시 벗어나고 싶어질 때 언제라도 찾아갈 수 있는 아름다운 숲과 계곡, 그리고 보기만 해도 기분이 좋아지는 멋진 집들을 한 곳에서 즐길 수 있는 최고의 쉼터가 있기 때문이다. 그것도 서울 시내 한복판에 말이다. 굳이 비탈진 남산을 올라갈 필요도 없다. 서울에만 있는 그곳은 한국에서도 가장 아름다운 궁궐 창덕궁이다.

창덕궁에는 경복궁, 덕수궁, 창경궁엔 없는 특별한 것이 있다. 놀라운 정원이다. 한국 조경문화의 정수이자 궁궐 조경 중에서도 가장 빼어난 곳이 창덕궁 후원이다. 지지리도 복작대는 이 거대한 도시에서 마음만 먹으면 순식간에 별천지 같은 이 고즈넉한 숲을 거닐 수 있다는 것은 서울에서만 즐길 수 있는 축복이다.

왜 창덕궁 후원은 놀랍다고 하는 것일까?

보통 우리는 우리 정원문화의 특징을 '자연스러움'으로 꼽는다. 사람이 손을 댄 흔적을 최소화하고 마치 원래부터 그랬던 것처럼 자연스러운 정원의 미학을 말한다. 창덕궁은 이처럼 자연스러움을 추구하는 한국 정원의 대명사로 꼽힌다.

하지만 이런 생각도 들 수 있다. 분명히 자연스럽고 좋기는 한데, 특별하지도 화려하지도 않은 이런 조경이 과연 그렇게 대단한 것일까, 라고. 더군다나 창덕궁 같은 궁궐이라면 일반 조경과는 달리 특별한 부분도 있어야 될 텐데, 창덕궁 후원은 오히려 민간 조경보다 더 자연스러워 보인다. 도대체 어떤 구석이 사람 손으로 다듬은 것인지 느끼기 어렵다. 말이 좋아 자연스러움인 것이지, 실은 특별한 기술이 없었던 것이 아닐까 의심하게 될지도 모르겠다.

그러나 거꾸로 생각해보면 이 자연스러운 정원이 왜 어려운 것인지 짐작할 수 있다.

당신이 정원사라고 치자. 정말 아름다운 정원을 만들려면 경치가 좋은 곳으로 찾아가면 된다. 근사한 바위도 많고, 맑은 계곡도 흐르고, 지형도 기기묘묘한 그런 곳을 골라 가장 전망 좋은 곳에 정자 짓고, 중간 중간에 예쁜 꽃과 보기 좋은 나무를 심으면 된다. 자연스러운 정원? 그것으로 끝이다.

하지만 궁궐은 다르다. 궁궐은 넓은 것 같지만, 실은 무척이나 제한된 공간이다. 궁궐에서 조경은 건축 다음이다. 조경을 위해 경치가 좋은 곳에 궁궐을 지을 수는 없다. 자연 조건은 극도로 제한적인데, 조경을 해야 할 공간은 넓다. 무조건 예쁜 꽃과 나무, 바위를 가져다 놓는 것만으로는 다 채우기도 힘들다.

그리고 말은 쉽지만 세상에서 가장 어려운 게 자연스러운 조경이다. 일부러 자연스럽게 만든다? 생각해보라, 그게 얼마나 어려운 것인지.

잘 꾸민 티가 나게 꾸미는 것은 오히려 쉽다. 무조건 예쁜 것들을 모아만 놓으면 가능하다. 그런데 새로 나무를 심고, 연못을 파고, 꽃과 돌로 장식을 하는데 마치 그게 처음부터 그렇게 있었던 것처럼 자연스럽게 꾸민다? 그건 실로 보통 일이 아니다.

창덕궁 후원은 그걸 해냈다. 그래서 놀라운 정원이다. 창덕궁이 완만한 산자락에 걸터앉았기 때문에 가능했던 것이기도 했지만, 그럼에도 자연스러움 속에 사람들이 좋아할 만한 분위기를 전혀 손 안 댄 것처럼 스리슬쩍 만들어낸 것은 볼 때마다 감탄하게 된다. 자연이란 인간에게 맞게 길들이기가 실로 어려운 상대다. 사과 상자만 한 텃밭이라도 직접 식물을 심고 길러본 사람들은 안다. 그 코딱지만 한 땅조차 사람 마음대로 하기가 얼마나 힘든지를.

창덕궁 후원은 자연스럽지만 실은 사람들이 좋아하게 만들어낸 '인간화된 자연'이다. 그래서 실제 산속의 빼어난 숲을 거니는 것과는 다른 특별한 느낌을 받게 된다.

그리고 창덕궁에서만 볼 수 있는 것은 또 있다. 경복궁처럼 크고 장중하진 않지만 개성과 디자인이 톡톡 튀는 재미있는 건물들이다. 그중에서도 진정 창덕궁에서만 볼 수 있는 최고의 건물들은 바로 '정자'들이다. 창덕궁은 한마디로 말하면 '한국 정자의 종합 전시장' 같은 궁궐이다. 한국에서 가장 아름다운 정자들이 한국에서 가장 아름다운 정원 속에 잔뜩 숨어 있다.

조선의 왕들은 가장 힘이 센 사람이었지만 가장 고독한 이들이었다. 조선 시대 왕의 일과를 보면 실로 가혹할 정도로 빡빡했다. 눈만 뜨면 공부와 업무가 이어졌다. 궁궐 밖으로 나갈 일은 드물었고, 궁궐 안에서만 뱅뱅 돌며 평생을 보내야 했다.

그런 왕들에게 가장 행복하고 즐거운 시간은 아름다운 창덕궁 후원을 거닐며 정자에서 쉬어가는 시간이었을 것이다. 창덕궁 정자는 그런 만큼 더욱 특별해야 했다. 임금님이 즐겼던 정자이니 전국 어디에서도 창덕궁 정자들 같은 정자는 찾아볼 수 없다.

창덕궁을 즐기는 최고의 방법은 이 수많은 정자들을 비교해보면서 나만의 최고 정자를 골라보는 것이다. 간단한 정자지만 왕실 건물이니 어느 하나 특별하지 않은 것이 없다. 과연 어느 것이 '내 마음의 정자'인지

레드카펫의 여배우같이 화사한 정자, 부용정

한 번 골라보자.

  정자를 보는 법은 들어갈 수만 있다면 그 안에서 바라보는 경치를 즐기는 것이다. 정자는 그 자체로 아름다움을 추구하는 건물이지만 그 이전에 아름다운 풍경을 바라보는 것이 목적이다. 안에서 밖을 봐야만 그 정자의 진정한 매력을 맛볼 수 있다. 창덕궁 정자들은 아쉽게도 들어가 볼 수가 없지만 어떤 장면을 볼 수 있게 어떤 곳을 골라 지었는지 비교해보는 것도 창덕궁 정자를 구경하는 재미다.

  창덕궁에서 가장 화사한 정자는 누가 뭐래도 부용정芙蓉亭이다. 창덕궁에서 가장 아름다운 연못 부용지에 있는 부용정은 레드카펫 앞에 도착한 여배우 같은 정자다.

전국에서 유일한 부채꼴 모양의 정자, 관람정

열 십土자 지붕에 한차례 각을 더 낸 구조부터 눈길을 잡아끈다. 이 아름다운 정자를 가장 사랑했던 주인은 정조 임금이었다. 정조는 이 정자에서 궁궐의 정취를 즐기고, 신하들과 시를 짓고, 잔치를 열어 정자 앞 연못에 배를 띄우고 사랑스런 부용정을 감상했다.

창덕궁 정자 구경은 이 부용정을 시작으로 울창한 숲과 내가 조화를 이루는 후원으로 들어가면서 펼쳐진다. 숲길을 어느 정도 지났다 싶으면 관람정이 나타난다.

관람정觀纜亭은 전국에서 유일하게 지붕 모양이 부채꼴인 정자다. 현판도 파초 잎 모양이다. 디자인의 차이가 얼마나 놀라운 것인지 보여주는 건물이 관람정이다. 한반도 모양을 닮았다는 연못에 마치 나비가 한

공예품처럼 정성껏 짓고 꾸민 정자, 승재정

마리 내려앉은 듯 살포시 들이선 관람정의 모습은 부용정 못잖은 풍경을 만들어낸다.

관람정 바로 위쪽에는 승재정勝在亭이 있다. 승재정은 관람정처럼 독특해 보이지 않기 때문에 흔히 봐온 정자들과 비슷하다고 넘어갈 수 있는데, 뜯어보면 범상치 않은 정자다. 아주 작지만 공예품처럼 징성낏 짓고 꾸민 정자다. 사방을 터놓는 다른 정자들과 달리 창호를 달았고, 그 문살과 난간이 세밀하고 정교하다. 그리고 툇마루까지 달아서 작지만 높은 격식을 갖췄다. 그 모습은 임금님이 타고 다니는 가마인 연輦을 떠올리게 한다.

특별한 디자인으로 왕실의 품격을 보여주는 정자, 존덕정

화려한 단청을 자랑하는 존덕정의 천장

   관람정과 승재정 다음 등장하는 존덕정尊德亭은 작정하고 독특하게 지은 정자인가 싶을 정도로 디자인이 특별하다. 우선 지붕이 2겹이어서 완전히 새로운 느낌이다. 기둥 모양도 남다르다. 한 모서리에 가는 기둥을 3개씩 모아 세웠다.

   정자를 건축물로 바라볼 때 눈여겨볼 부분은 앞서 말했듯 장소가 먼저이고, 그 다음은 정자 안의 천장이다.

   존덕정은 앞쪽에서 보면 정취가 좀 덜하지만 연못 쪽으로 가서 보면 그 운치가 180도로 바뀐다. 정자를 배치할 때 많은 고려를 했음을 알게 된다.

   천장은 더더욱 특별하다. 한옥 최고의 매력 중 하나가 지붕 목구조가 그대로 드러나는 천장 디자인이다. 그중에서도 정자는 지붕 모양이 여러 각이 합쳐지기 때문에 나무 구조물들이 모이고 겹치면서 만들어내는 모습이 더욱 장식적이다. 존덕정의 천장은 정자들 천장 중에서도 두드러진다. 화려한 단청 치장을 하고 가운데 용 두 마리를 그려 넣어 왕실 건물의 품격을 잘 보여준다.

존덕정에서 조금 더 위로 거슬러 올라가면 창덕궁 후원에서도 가장 깊숙하고 가장 그윽한 공간인 옥류천 일대로 접어든다. 이곳에도 아름다운 정자들이 옹기종기 모여 있다. 그럼 이 중에서 가장 중심이 되는 정자는 어디일까?

'옥류천 일대'란 명칭에 힌트가 있다. 이 지역의 중심이 옥류천이니 옥류천 바로 앞에서 옥류천을 즐기는 성사, 소요정逍遙亭이다. 옥류천은 자연과 인공이 얼마나 아름답게 만날 수 있는지를 보여주는 곳이다.

옥류천은 천이라는 이름이 붙었지만 실은 바위 위로 흐르는 아주 가느다란 물줄기다. 이 물길이 흘러내려 가는 멋진 바위를 자세히 보자. 물은 위에서 내려와 바위를 거쳐 가는 것이 아니다. 바위틈에서 솟아오르는 지하 샘물이 바위 위에서 한 바퀴 커브를 논 뒤 다시 아래로 떨어져 내려 내를 이뤄 흘러 나간다. 바위 중간 부분을 평평하게 다듬고 그 위에 곡선 홈을 파서 물길을 냈다. 인공적으로 샘물을 모아 한곳으로 흘러내리게 해 초미니 폭포를 만들어낸 것이다.

그리고 그 바로 앞에 소요정을 세웠다. 바위와 샘물과 정자가 3위 일체를 이루는 공간 연출이다. 소요정은 그래서 건물만이 아니라 바위까

바위와 샘물과 정자가 3위 일체를 이루는 공간 연출, 소요정

소요정 바로 앞 바위틈의 초미니 폭포

지 정자다. 이곳에서 임금은 술과 음식을 베풀어 잔치를 열고 시를 지으며 휴식을 취했다.

소요정 바로 위엔 두 정자가 짝을 지어 서 있다. 둘 중에서 먼저 눈이 향하는 곳은 청의정淸漪亭이다. 그 이유는 정자 지붕이 초가지붕이기 때문이다.

일반적으로 정자라고 하면 경치 좋은 데 세워 풍류를 즐기는 전망대 건물로만 여기기 쉽다. 하지만 정자 중에는 대화하는 정자도 있었다. 초가지붕 정자인 '모정茅亭'이란 정자다. 양반들을 위한 정자가 시 쓰고 술 마시기 좋은 기와집 정자로 산과 계곡에 들어선다면, 농민용 정자들은 일하다 잠시 쉬기 좋은 모정 형식으로 마을과 논밭의 경계에 지었다. 농

농업국가인 조선, 그리고 조선을 다스리는 왕을 상징하는 정자, 청의정

사일에 땀 흘리던 농민들은 잠시 이곳에 모여 쉬고, 때로는 다 같이 모여 마을 전체의 문제를 이야기했다. 일종의 주민자치센터인 셈이다.

그런데 저 청의정은 초가지붕이다. 궁궐에, 그것도 왕이 쉬는 후원에 왜 이런 초가지붕 정자를 세웠을까? 농민들의 모정인 것일까?

일단 정자의 주변을 자세히 보자. 뜻밖에도 청의정은 얕은 물 위에 지었다. 그리고 멀리서 볼 때 놀랐던 정자 앞 푸른 식물은 잔디가 아니다. 정자가 들어선 곳은 실은 논이었고, 당연히 심어놓은 식물은 벼다.

청의정은 농업국가 조선을, 그리고 조선을 다스리는 왕을 상징하는 정자다. 지금은 여러 가지 산업이 우리를 먹여 살리지만 조선은 오로지 농사만으로 온 백성들이 먹고 살던 나라였다. 당시 농사의 의미는 지금 우리가 상상하는 것 이상으로 중요했다. 흉년이 든다는 것은 곧 수많은 사람들의 죽음을 의미했다. 곧 농업이 국가 살림 그 자체였다고 해도 과언이 아니다.

조선시대의 왕은 전 국민의 90퍼센트 이상 절대 다수를 차지하는 농민들을 다스리는 존재였다. 그러니 왕이 얼마나 농사에 신경을 쓰며 중요하게 여기는지 보여주는 것은 가장 중요한 정치적 과제였다. 비록 형식적일지라도 왕이 직접 농사를 짓는 시범을 보여주는 것이 필요했다. 그래서 만든 것이 선농단이다.

선농단은 서울 동대문구 제기동에 있다. 조선시대 임금은 이곳에서 동아시아권 농사의 신인 신농씨와 후직씨에게 농사가 잘되기를 기원하는 제사를 지냈다. 이렇게 농사를 잘 짓게 해달라는 제사인 선농제를 지내는 전통은 고려 시대에도 있었다.

제사를 지내고 나면 왕은 선농단 바로 아래에 있는 밭을 직접 갈았다. 이를 '친경'이라고 한다. 친경 때에는 농부들 중에서 나이 많고 복 받았다고 하는 사람들을 뽑아 함께 밭을 갈았다. 농사가 얼마나 소중한 것인지 다시 한 번 확인하고 널리 알려 농사를 북돋는 의식이었다. 선농단 친경 행사는 고종황제 시절인 1909년까지 이어졌다.

지금 우리가 즐겨 먹는 음식인 설렁탕이 바로 이 선농단 행사에서 유래되었다는 설이 유력하다. 선농단 행사가 끝나면 제물로 바친 소로 탕을 끓여 구경꾼 가운데 60세 이상의 노인을 불러 먹인 데서 선농탕이란 이름이 나왔고, 이게 다시 발음하기 편하게 설렁탕으로 바뀌었다는 것이다.

왕이 선농단에서 직접 농사짓는 시범을 보였다면, 왕비는 직접 누에를 치는 시범을 보였다. 그 장소가 지금의 서울 성북구에 있었던 선잠단이다. 왕비가 누에 농사를 짓는 것을 '친잠례'라고 한다. 뽕나무가 잘 자라 뽕잎으로 누에를 잘 키워 좋은 실을 얻기를 기원하는 행사였다. 역시 고종황제 시절인 1908년 선잠단에 있던 신위를 종로구 사직단으로 옮긴 이후로 안타깝게도 선잠단은 폐허가 되었고, 이젠 개인 땅이 되어버렸다.

왕과 왕비가 각각 선농단과 선잠단에서 농사 체험 이벤트를 해야 했을 정도로 농사는 조선에서 중요했다. 논 위에 지은 초가지붕 정자 청의정 정도 농업을 장려하는 왕실의 의지를 상징하는 특별한 건축이었다. 궁궐에 있을 때에도 왕실이 늘 농사에 신경을 쓰는 모습을 보여주는 것이 이 청의정, 그리고 '경직도耕織圖'란 그림이었다.

'경작도'로 혼동하기 쉬운 '경직도'는 농사짓는 모습과 누에 치고 비단 짜는 일을 그린 그림이다. 선농단의 친경 행사와 선잠단 친잠례처럼 통치자인 왕이 농민들의 어려움과 수고로움을 상기하게 하는 목적으로 그리는 그림이다. 조선의 왕들은 이 그림을 처소에 두어 늘 볼 수 있게 했다. 원래 중국에서 지방 수령들이 곁에 두고 보기 위해 시작된 것인데, 우리나라에는 연산군 때 명나라 사신으로 다녀온 신하가 연산군에게 바치면서 전래되어 왕실 풍습으로 자리 잡았다. 이 경직도는 이후 한국식 그림으로 정착되어 일반 서민들 사이에서도 민화처럼 사랑받았다.

농사짓는 모습과 누에 치고 비단 짜는 모습을
그린 그림인 경직도

 청의정은 이처럼 왕의 농사 장려 의지를 보여주는 중요한 상징이었다. 선농단 친경 행사는 매년 봄에 한 번 지내는 것이었지만, 청의정은 궁궐 안에 있기 때문에 늘 왕이 가까이서 보고 들어 농사를 체험하는 곳이었다. 정자 앞 논에 심은 벼를 수확하면 그 짚으로 청의정 지붕을 엮어 얹었다.

 청의정은 이런 중요한 의미를 지녔고, 왕이 직접 이용하는 정자여서 지붕은 초가지붕이어도 만듦새는 실로 화려하다. 일단 천장 구조가 가

청의정은 소박한 초가지붕과
정교한 천장 장식을 동시에 보여준다

히 예술적이다. 지붕은 원형인데 천장 구조 뼈대는 팔각형이고 그 아래 기둥은 사각이다.

건물 기둥을 받치는 주춧돌은 그 어떤 궁궐 건물들보다 정교하다. 가장 소박한 지붕에 가장 섬세한 장식으로 치장한 정자다. 그 의미가 실로 컸기 때문이었다.

청의정이 예상을 깨고 창덕궁 여러 정자들 중 가장 화려한 정자라면, 바로 옆 태극정太極亭은 아주 수수하고 평범해 보이지만 뜯어보면 가장

수수하고 평범하면서도 가장 우아한 정자, 태극정

우아한 정자다.

우선 돌 기단부를 보자. 한국 전통건축의 특징이 돌 기단이다. 집을 땅 위에 바로 짓지 않고 기단을 쌓은 뒤 그 위에 올려 짓는다. 이 기단을 얼마나 높게 그리고 정성껏 꾸몄느냐를 보면 그 건물의 신분을 알 수 있다. 태극정 돌 기단은 정자 기단으로는 아주 신경 써 만들었다. 궁궐 정자라고 해도 대부분 바닥에 주춧돌을 세우고 그 위에 바로 기둥을 올려 짓는데, 태극정은 기단을 쌓았고, 역시 천장 장식도 화려하다.

또한 건물 자체로는 그리 독특하지 않지만 정자의 본질적 기능인 풍경 감상 측면에서는 단연 태극정이 최고다. 가장 높은 곳에서 다른 정자들을 굽어보고 있어서 전망하는 맛이 으뜸이다.

창덕궁에서 떼어내 가져가고 싶은 정자, 애련정

창덕궁에는 지금 소개한 정자들 외에도 폄우사砭愚榭, 능허정凌虛亭, 상량정上凉亭 등 많은 정자들이 있다. 그래서 가히 정자 백화점이라고 할 만하다.

그중에서 개인적으로 최고로 꼽는 정자는 애련정愛蓮亭이다. 연경당으로 가는 길목에 있는 연못 애련지에 있는 정자다. 애련정은 이름처럼 연꽃을 사랑하는 정자란 뜻이다.

궁궐 연못에는 연꽃을 심는다. 연꽃이 유교 문화에선 '군자의 상징'이기 때문이다. 송나라 유학자 주돈이가 쓴 〈애련설〉에서 유래한 풍습이다. 그런데 1990년대 한때 궁궐 연못의 연꽃들이 모두 사라진 적이 있었다. 연꽃이 군자의 상징이어서 심은 배경을 모르고 특정 종교인 불교를 연상시킨다는 이유로 벌어졌던 해프닝이었다.

애련정은 건물 앞부분은 연못 안에 세운 기둥에, 뒷부분은 연못 축대에 의지해 올라서 있는 깜찍할 정도로 작은 건물이다. 가로 세로 모두 한 칸. 더 이상 작아질 수 없는 '최소한의 건물'이다. 너무나 작기 때문에 애련정은 사진으로 보면 그 진면목을 절대 제대로 느낄 수 없는 정자다.

처음 애련정을 직접 보면 왜 이렇게 작게 지었는지 의아할 정도다. 그러나 조금만 더 들여다보면 크게 지을 수도 있었는데 일부러 작게 지은 까닭을 눈과 마음으로 깨닫게 된다. 애련정은 저 장소에 맞게 가장 고민해서 뽑아낸 최선의 답이었다. 앞 연못의 크기에 가장 어울리게, 그리고 그 앞으로 펼쳐지는 경치를 보기에 가장 좋게 고민한 설계였을 것이다.

이런 생각에 이르고 나면 이 작은 정자의 힘이 서서히 느껴진다. 애련정은 화장실만 한 덩치로 주변의 모든 경치를 빨아들여 자기 것으로 만드는 집이다.

저 애련정처럼 일부러 작게 만들어서 주변 경치 속에서 포인트가 되도록 짓는 건물은 세계 각국 궁궐에서도 어렵잖게 만나볼 수 있다. 하지만 애련정만 한 묵직한 힘과 존재감을 지닌 건물은 드물다.

건축적으로 볼 때 애련정의 진정한 아름다움은 뭐니 뭐니 해도 그 날렵하고 경쾌한 비례에 있다. 비례는 건축과 디자인의 모든 것이라고 해도 과언이 아니다. 비례란 실로 오묘해서, 일부분이 조금만 길거나 짧아져도 느낌이 달라지고, 조금만 덜 고민해도 순식간에 건물을 촌스럽게 만든다. 그러다 보니 큰 건물보다 작은 건물에서 비례의 내공은 더욱 또

렷하게 드러난다.

애련정 같은 작은 정자는 제법 많다. 그래서 다른 정자들과 비교해보면 애련정이 왜 훌륭한 건물인지 쉽게 알 수 있다.

서울 상암동 월드컵경기장 부근에는 애련정을 그대로 베낀 듯한 정자가 있다. 그 형태나 구성 요소는 거의 비슷한데, 지붕선의 각도와 길이가 만들어내는 비례는 애련정과 조금씩 다르다. 이 사소한 차이가 건물의 운치와 품격에 엄청난 차이를 만든다. 그 격차를 보면 애련정이 얼마나 뛰어난지 실감하지 않을 수 없다.

애련정은 비례의 힘이 어떤 것인지 날카롭게 보여준다. 이 작은 정자는 가장 평범해 보이면서 가장 비범한 건축이다. 그래서 창덕궁에만 가면 저 작은 정자를 하염없이 바라보게 된다. 봄·여름·가을·겨울 달라지는 애련정의 분위기는 언제나 나를 만족시킨다. 만약 창덕궁 정자 중에서 하나만 떼어가라고 하면 무조건 애련정을 고를 것이다.

창덕궁에서 우리는 누구나 왕이 될 수 있다. 스스로 조선 시대 임금이 되어 창덕궁 후원을 거닐며 각양각색 정자마다 다른 분위기를 즐기니 휴식을 취하는 모습을 상상해보자. 그것만으로도 즐겁지 아니한가.

창덕궁 후원을 거닐며 각양각색 정자를 감상하는 상상
생각만으로도 즐겁지 아니한가?

창덕궁 정자

조선 최고 부자가 일군 즐거운 소통의 집, 전통백과사전 같은 저택

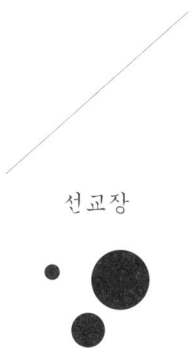

선교장

한국에서 가장 부잣집인 한옥은 어디일까?

일반적으로 궁궐이 아닌 일반 양반집으로 가장 크게 지을 수 있는 집은 99칸이라고 알려져 있다. 지나친 낭비를 막기 위해 집의 규모를 제한했다는 것이다. 그러나 이는 실제 규정은 아니었고, 사람들의 통설이라고 봐야 한다.

원래 조선 시대 집 크기 규정은 더 엄격했다. 시대별로 조금씩 달라지긴 했는데, 60칸 정도였다. 면적과 칸수 제한에서 99칸이란 숫자는 나오지 않는다. 그럼에도 이런 이야기가 생긴 이유는 99칸이란 숫자가 100

이라는 절대수에 대한 심리적 한계를 표현하는 것으로 추정된다.

그런데 우리 전통 한옥을 살펴보면 99칸보다 큰 집도 존재한다. 정확히는 102칸 집이 있다. 집안 하인들과 딸림 인력들이 살던 부속 건물들까지 합하면 300칸에 이르렀던 진짜 큰 부잣집이다. 현존 살림집 한옥 중에서 가장 큰 이 집이 강릉의 명물 선교장船橋莊이다. 집이 하도 커서 집 안에 있는 문만 12개에 이르는 대저택이다.

선교장은 지금 우리가 만나볼 수 있는 최고 부잣집이다. 역사가 300년에 이르는 이씨 집안의 고래등 같은 기와집이다. 그리고 이 집은 여러 가지 점에서 다른 큰 전통 한옥들과 구별되는 특징이 많다.

선교장은 그 이름이 특별하다. 보통 양반집들은 '~당'이나 '~각' 등의 이름을 붙인다. 그런데 이 집은 유독 '장'이란 이름이 붙었다. 전국적으로도 거의 유일한 사례다. 그 이유는 집의 경제 규모가 워낙 컸기 때문이었다. 선교장은 '장원'이기 때문에 이름에 '장'자가 붙었다. 장원은 단순히 식구가 많고 큰 집이 아니라 한 집이 스스로 자급자족하는 경제적 시스템을 갖춘 것을 말한다. 선교장은 이 집의 건물과 가구 등을 전담하는 목수, 옷가지를 만드는 침모 등 여러 가지 물건을 만드는 전용 전문 인력들을 거느리고 있었다. 그래서 장원이다.

이런 장원 체계의 부잣집은 조선 시대 만석꾼 집안 중에서도 유례가 거의 없다. 더욱 흥미로운 점은 이 집안이 어떻게 만석꾼이 되었느냐는 것이다. 조선 시대 만석꾼은 무척이나 드물었다. 게다가 넓은 평야 곡창 지대가 있는 전남이나, 오래된 권문세가들이 많은 영남도 아닌, 산이 많

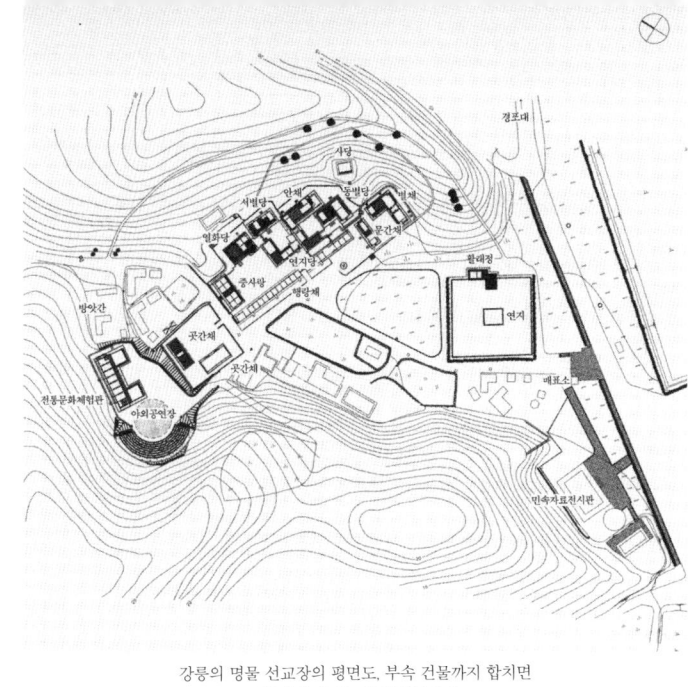

강릉의 명물 선교장의 평면도. 부속 건물까지 합치면
300칸에 이르는 큰 부잣집이다

아 농사를 지을 들판이 부족하고 기후가 척박한 강원도에서 만석꾼이 나왔다는 점은 실로 이례적이다. 한때 선교장 집안의 땅은 북쪽으로는 주문진까지, 남쪽으로는 울진까지 이르렀다고 한다. 이게 얼마나 넓은 것인지는 지도를 펴 강원도 해안을 살펴보면 바로 실감하게 될 것이다.

곡창지대가 아닌 변방 강원도에서 이 집이 흥한 이유는 여러 가지가 있겠지만 실은 족제비 때문이었을지도 모른다.

선교장 집안이 부자로 올라서게 된 것은 이내번이란 사람의 대에서였다. 이 이내번이란 이에게는 전설 같은 이야기가 있다. 집 지을 터를 찾아 강릉 일대를 돌아다니던 이내번은 어느 날 산속에서 갑자기 족제비 무리를 만났다고 한다. 족제비가 떼를 이뤄 몰려가는 진기한 모습을 본 그는 왜 그러는지 궁금해 족제비들을 쫓아갔다. 거의 1킬로미터 남짓 따라갔는데, 한 골짜기에 이르더니 족제비 떼가 갑자기 어디론가 사라져 버렸다. 그는 의아해하며 주변을 둘러봤는데, 그 순간 자기가 있는 곳이 놀라운 명당임을 알아차렸다고 한다. 그곳이 바로 지금 선교장이 있는 배다리골이다. 선교장이란 이름은 '배다리집'이란 뜻인데, 당시에는 경포 호수가 지금보다 훨씬 커서 선교장이 있는 곳까지 배가 드나들었다고 한다. 그 배다리골 부근의 용한 땅을 족제비 덕분에 만나게 된 것이다. 어떤 신기한 기운이 족제비 떼를 시켜 그에게 명당 터를 일러준 것인지는 모르겠지만, 당시 명당이란 개념이 얼마나 중요했는지를 생각해 보면 이런 전설 같은 이야기가 나왔을 법도 하다. 좌우지간 이렇게 집터를 고른 선교장 집안은 1760년께 집을 짓기 시작했고, 이 집이 점점 커져 지금의 선교장으로 진화해갔다.

물론 선교장의 성장 비결은 구체적으로 보면 이 집안의 수완 덕분이었다. 그 수완의 열쇳말은 세 가지를 뽑을 수 있다. '여성', 그리고 '경영', 마지막으로 '소통'이다.

선교장을 대표한 이들은 남성이었지만 이 집안을 세우고 유지한 실제 주인공들은 여성이었다. 일단 선교장 집안을 세운 이가 여성이었다. 이씨 집안은 원래 충주에 있었다. 그러다가 1721년 강릉으로 옮겨온다. 권씨 부인이란 한 여성의 결단에 따른 것이었다.

권씨 부인은 남편과 사별한 뒤 두 아들을 데리고 시댁 충주를 떠나 친정 강릉으로 온다. 그 엄격했던 조선 후기에, 여성이 시집을 가면 출가외인이 되어 시댁에 뼈를 묻는 게 당연했던 시대에, 권씨 부인은 고뇌 끝에 생활 터전을 옮기기로 결심했다. 그 이유는 남편이 죽은 뒤 남편과 사별했던 전 부인이 낳은 큰아들이 재산을 물려받아 권씨 부인과 그가 낳은 두 아들은 생활할 방도가 별로 없었기 때문이었다.

고향으로 돌아온 부인은 놀라운 경영 수완을 발휘했다. 부인과 아들은 사업에 뛰어들었다. 염전 사업이었다. 조선 시대 소금은 국가에서 엄격하게 관리하던 전매 품목이었다. 하지만 조선 후기에 이르면 양반들이 운영하는 개인 염전들이 생겨나기 시작한다. 권씨 부인은 이런 시대 변화를 포착하고 염전으로 집안을 일으키기 시작했다. 족제비를 만났던 이내번은 권씨 부인의 아들이었다.

선교장이 위기에 처했을 때 나섰던 이도 여성이었다. 동학군이 봉기했을 때 당연히 강원도 최고 부자인 선교장에도 혁명군이 들이닥쳤다. 마침 남자 주인은 출타 중이었는데 안주인 유씨 부인이 나서서 살벌한 혁명군과 담판을 지었다. 부인은 혁명군 지휘부에게 "곳간 열쇠를 내줄 테니 선교장 주변 사람에게 절대 해를 끼치지 말라"는 제안을 해 가족의 안전을 얻어내며 위기를 넘겼다.

선교장에 시집온 한양의 명문집 규수들 역시 이 집의 문화를 늘 상류 수준으로 유지하게 만든 주역이었다. 이들이 시집올 때 가지고 온 당시 고급 혼수품들은 강원도에서는 좀처럼 만나 보기 힘든 것들이었고, 집안에 늘 새로운 기운을 불어넣었다. 선교장은 이렇게 며느리들을 통해 문화적 선도 가문의 위치를 이어갔다.

 권씨 부인이 시작한 염전으로 종자돈을 마련한 선교장 집안은 이후 빠르게 재산을 축적했다. 그 비결은 지금의 기업가들 못잖은 경영 마인드였다.
 우선 '신기술 도입'을 과감하게 추진했다. 권씨 부인의 아들 이내번은 당시 새로운 농사법으로 떠오르던 이앙법을 도입했다. 또한 '벤처 정신'도 강했다. 당시 부자의 기준은 오로지 땅이었다. 농사가 모든 경제의 원천이었기 때문에 농사를 지을 땅을 얼마나 소유하고 있느냐가 재산의 모든 것이었던 시절이었다. 이씨 집안은 번 돈으로 땅을 사들이기보다는 농토 개간에 '올인'했다. 외부에서 이주해온 이씨 집안으로선 강릉 토박이 세력들의 견제와 충돌을 막기 위한 방편이기도 했다. 선교장 집안은 주변 펄을 논밭으로 만드는 작업으로 땅을 늘렸는데, 새로 개간한 땅은 세금이 면제되는 이점도 있었다. 또한 형편이 어려워진 사람들의 땅을 사들일 경우 질투나 원성을 살 수 있는 부작용을 피하는 것이기도 했다.

 선교장이 성공했던 또 하나의 비결은 새삼스러울 것도 없는 최고의 방법인 '혼맥'이었다. 지금도 신분 상승의 최고 방식이 결혼으로 세력가와 연결되는 것인데, 조선 시대에는 그야말로 가장 중요한 집안 경영 전략이었다.

집안이 흥하는 방법은 두 가지다. 돈을 많이 벌든, 과거에 붙어 고위 공직자가 되든 자력갱생하는 방법이 있다. 그리고 또 하나가 결혼이다. 자기 능력만으로 성공하는 것은 흔히 에스컬레이터를 타고 올라가는 것과 같다고 비유한다. 반면 결혼은 '엘리베이터'다. 훨씬 더 높이, 그리고 빨리 사회적 지위를 올릴 수 있어서다.

선교장은 당시 조선의 세도가인 '벌열'들과 통혼을 하면서 집안 지위를 올려갔다. 지금의 눈으로는 속물근성이겠지만, 당시에는 그리고 지금도 재력가들의 기준에는 너무나 당연하고 자연스러운 일이었다.

중요한 점은 한양이나 다른 대도시와는 너무나 떨어져 있는 강릉에 터를 잡은 선교장 집안으로선 결혼을 새로운 동향과 문화를 수혈받는 중요한 소통 방법으로 계속 활용했다는 점이다.

정략결혼이 무슨 '소통'일까 싶겠지만, 선교장의 '소통' 중시 철학은 이렇게 결혼으로 집안의 위세를 높인 뒤 본격적으로 발휘됐다.

재산만이 아니라 체면까지 모두 갖춘 뒤 선교장은 서울에도 저택을 마련했다. 당시 한양에서 권문세가들이 모여 살던 양반 마을 북촌에 60칸 큰 집을 짓고, 강릉에서 자식들을 서울로 보내 과거 준비와 공직 진출을 도모했다. 그리고 동시에 당대의 인물들과 교류에 나섰다. 혼맥 이외의 인맥을 만든 것이었다.

선교장 집안은 구한말 대원군의 중요한 후원자 중 하나였다. 대원군에게 많은 정치자금을 댔고, 그 외에도 많은 인사들과 연을 맺었다. 강릉 안에만 있으면 중앙의 정보와 세상 돌아가는 감각을 잃을 수 있으므로 선교장은 늘 서울과 강릉 두 곳을 오가며 집안을 운영했다.

선교장 집안이 더욱 특별했던 점은 '문화적 소통'을 가장 중시했던 것이었다. 선교장에는 늘 전국에서 찾아온 명사와 문화계 인사들이 북적였다. 선교장을 찾은 이는 실로 많다. 조선 후기 추사 김정희부터 일제 강점기 몽양 여운형까지 역사 교과서에 나오는 쟁쟁한 이들은 물론 문화계에서 당대의 스타들이 줄줄이 이 집을 찾아왔다. 이런 명사들과의 교유와 소통을 통해 선교장은 단순히 돈이 많은 부잣집이 아니라 당대의 문화 애호가로 인정받을 수 있었다. 그리고 이런 네트워크가 가능할 수 있었던 바탕에는 선교장의 '입지 활용 전략'과 함께 '건축 차별화 전략'도 크게 작용했다.

선교장은 식구들 못잖게 손님들을 중시했던 집안이었다. 조선 시대 양반집들이 대부분 손님 접대와 초청을 중요하게 여겼지만 선교장처럼 활발하게 사교와 교류에 집중했던 집은 찾아보기 어렵다. 얼마나 손님들을 잘 대접했느냐면 절정기에는 손님들에게 상을 차리는 소반이 300개에 이르렀을 정도였고, 오는 손님이 떠날 때는 꼭 옷을 지어 선물하는 전통이 있어 옷을 만드는 침방 건물을 따로 만들었을 정도다.

이처럼 손님들이 많이 찾아온 데에는 선교장이 강릉에 있다는 점이

아름다운 경치 속에서 담소를 나누던 소통의 공간, 활래정

오히려 강점으로 작용했다. 강릉은 조선 시대 최고의 관광 코스인 관동팔경과 금강산으로 가는 길목이다. 전국의 양반들이 관동과 금강산을 주유하러 오가는 길에 손님 대접 잘하면서도 문화적 소양이 높다는 선교장에 머물렀다 가는 것이 하나의 코스로 정착된 것이다. 그리고 이런 명소가 되는 데에는 선교장의 '특별한 건축'이 중요한 역할을 했다.

선교장은 손님을 맞이하는 남성들의 공간인 사랑채가 거의 디오니소스 수준이다. 큰사랑채, 중사랑채, 아랫사랑채까지 세 건물이나 됐다. 그리고 집 앞에는 손님들과 선교장 주인들이 담소를 나누고, 토론을 하고, 파티를 여는 특별한 건물을 따로 하나 더 마련해놓았다. 활래정活來亭이란 아름다운 정자다. 커다란 연못을 파고, 그 위에 활래정을 지어 아름다운 경치 속에서 문화적 담소를 나누며 집안 품격을 높인 것이다.

지금의 선교장은 이 독특한 집안의 독특한 문화와 지향점을 그대로 보여주는 특별한 건축물이다. 다른 조선 양반집들과 그 구조와 배치가 다르고, 그러면서도 우리 전통 건축의 다양한 핵심 요소들이 다 들어 있기 때문에 일종의 한옥 건축사전이라고 할 만하다.

그리고 집이 곧 주인의 면모를 보여준다는 점에서도 흥미로운 사례다. 지금의 선교장은 처음부터 크게 지은 집이 아니다. 여러 대를 거치며 각 인물들이 자기 취향과 철학에 맞게 새로운 집들을 계속 더 지었다. 그래서 한 저택 안에서도 서로 다른 스타일들이 자유분방하게 조합되어 있다.

선교장을 연구한 사학자 차장섭 강원대 교수는 이 집의 특성을 '남성 공간과 여성 공간', '가족 공간과 손님 공간', '주인 공간과 하인 공간', 그리고 '산 자의 공간인 생활공간과 죽은 자의 공간인 제사공간'이 공존하는 복합적인 구조로 평가한다. 곧 선교장은 건축사전 같은 집인 동시에 조선 시대 양반 생활문화의 다양한 측면을 건축으로 보여주는 문화사전 같은 집이기도 하다.

여기에 하나를 더 보태면 다른 집과는 규모가 다른 건축과 조경의 조화를 보여주는 집이다. 선교장과 그 앞 활래정 연못은 지금도 그림엽서 같은 풍경을 간직하고 있다.

이렇게 복합적인 집은 안동 하회마을에서도, 경주 양동마을에서도, 전주에서도 찾아보기 어렵다. 이런 점 때문에 이 집은 전국 민간 고택 중 가장 먼저 국가지정 문화재로 선정됐다. 그래서 선교장을 구경하는 것은 다른 전통 건축물을 보는 것과는 다른 특별한 코스가 된다.

집 전면부가 하나로 길게 이어진 줄행랑으로 이루어져 있다

줄행랑 사이에 위치한 선교장의 대문

　선교장에 이르면 가장 눈에 띄는 것은 건물 전면에 길게 뻗은 수평 건물이다. 집 전면부가 하나로 길게 이어진 행랑 건물로 이뤄져 있다. 이 행랑채의 규모는 23칸. 가장 작은 집이 세 칸짜리 집인 초가삼간임을 감안하면 작은 집 8채를 이어붙인 규모다. 전국적으로도 이렇게 긴 민가 건축은 찾아보기 어렵다.

　행랑이 줄지어 있어 '줄행랑'이라고 부르는데, 이 건물에 이 집의 대문이 있다. 하나가 아니라 두 개다. 동쪽 평대문은 여성들과 가족들이 출입했고, 서쪽 솟을대문은 남성들과 손님들이 드나들었다. 이렇게 행랑이 유독 길고 문을 두 가지로 동시 배치한 점에서 선교장은 창덕궁 낙선재와 비슷하다.

　집에서 가장 중요한 공간은 사랑채 공간이다. 이 집이 손님들을 위한 집이었던 점을 감안하면 당연한 노릇이다. 사랑 공간 한가운데에 전국 어디에서도 보기 어려운 건물, 선교장 3종 사랑채 세트의 맏건물이자 선교장 전체에서도 가장 특별한 건물인 '열화당悅話堂'이 있다.

열화당은 딱 보기에도 너무나 독특해 마당에 들어서자마자 저절로 눈길이 이 건물로 향하게 된다. 그리고 이 집이 과연 한옥이 맞나 싶다. 건물 앞에 특별한 구조물이 달려 있기 때문이다. 햇빛을 가리는 차양을 덧댄 것인데, 그 모양이 생소해 서양 문물이 들어올 때 절충식으로 손을 본 것으로 여기기 쉽지만 실은 한옥에 원래 있던 전통 양식의 하나다. 이처럼 차양이 달린 건물로는 창덕궁 연경당의 선향재와 안국동 윤보선 전 대통령 고택 사랑채가 있다. 이 두 집의 차양은 나무로만 만들었지만 열화당 차양은 독특하게 지붕 부분을 구리로 만들었다. 구한말 시절 선교장이 초청해 이곳을 방문했던 러시아 공사가 답례품으로 선물한 구리로 만들었다고 한다.

이 열화당이 선교장에서 가장 높은 사랑채고, 그 앞에 중간 등급인 중사랑이 그 앞에 있고, 마지막 아랫사랑이 또 있다. 선교장은 찾아오는 손님들을 등급에 따라 배치했다고 한다. 중사랑에 있는 집사가 손님이 오면 대화를 나눠 집안 내력과 학식을 파악한 뒤 그에 맞는 방을 내주는 것이다. 가장 훌륭하다고 판단되는 손님은 열화당에 모셨다. 손님들은 사랑에 머물다가 떠날 때에는 글씨나 그림을 남겨 환대에 보답했다. 지금의 선교장 곳곳에 있는 명필들의 글씨와 그림은 모두 이런 사랑손님들의 작품이다. 낮은 급 손님에겐 때가 되면 상차림의 국과 밥의 그릇

열화당은 선교장에서도 가장 눈길을 끄는 독특한 건물이다

햇빛을 가리는 차양. 지붕은 러시아 공사가 선물한 구리로 만들었다

위치를 바꿔 알아서 떠나 달라는 힌트를 주었다고 한다.

  이 아랫사랑이 바로 우리나라에서 가장 긴 행랑채인 줄행랑 건물이다. 일반적으로 행랑채는 하인들의 생활공간 겸 마구간이나 곳간으로 쓴다. 그러나 선교장 행랑은 선교장에 오는 전문 기술자들과 손님들이

마당에서 바라본 줄행랑과 중사랑. 선교장의 줄행랑은
특이하게도 하인들의 거처가 아니라 손님들을 위한 공간이었다

머무는 사랑채였다. 그런 점에서도 선교장은 운영체계와 건축이 모두 독특하다.

　행랑채를 유독 길게 만든 것은 공간 연출 장치이기도 하다. 우선 풍수적으로는 집터의 약점을 보완하는 역할을 하는 동시에 건축적으로는 집안 마당 공간의 느낌을 더 효과적으로 연출하는 역할을 한다. 선교장은 도면으로 보면 뜻밖의 사실을 발견할 수 있다. 행랑채 건물이 뒤쪽 건물들과 수평을 이루지 않고 비스듬히 틀어져 있어 전체적으로 사다리꼴인 것이다. 왜 이렇게 사선으로 지었던 것일까?

　집을 지을 때는 직사각형으로 만드는 것이 당연하게 여겨진다. 그런데 우리 한옥들을 보면 뜻밖에도 한쪽이 비스듬한 사다리꼴 구성이 의외로 많다. 조선 사람들은 굳이 정확하게 각을 잡고 정확한 대칭 구조를

육안으로 보면 비스듬한 모습을 파악하기 어렵다

만드는 것을 선호하지 않았다. 선교장에서 행랑 각도를 본채와 평행으로 하지 않은 정확한 이유는 파악하기는 어려우나 건축 전문가들은 시각적 효과 때문일 것으로 분석한다. 행랑채를 열화당 쪽으로 더 좁아지게 배치해 중사랑 쪽 마당이 너무 휑하게 넓어 보이지 않게 만들었으리라는 추정이다. 실제 이 마당에서 보면 줄행랑 건물이 비스듬한 것인지 전혀 알아차릴 수가 없다. 이런 배치는 조선 왕실의 궁궐인 창덕궁의 인정문 앞마당에서도 볼 수 있다. 이 경우는 지형적 요인을 시각적으로 보완한 것으로 볼 수 있는데, 실제 인정문 앞마당에 가보면 양쪽 끝의 거리가 멀어 너무나 자연스럽게 공간 구획이 평행으로 이뤄진 것으로 착각하게 된다.

    선교장의 여성 공간인 안채의 핵심 안방 건물은 시어머니가 주인이다. 옆으로는 ㄱ자로 꺾어 며느리의 방을 뒀다. 아무리 유교 법식에 얽매여 있던 시대라도 부부가 사랑은 해야 하는 법. 그러나 사랑채에 있던 남편이 합방을 하기 위해 어머니가 자는 안방 앞으로 다니기는 눈치 보이는 일이었다. 그래서 며느리 방은 안마당 쪽만이 아니라 뒤편 열화당 쪽에 남편이 앞마당을 피해 드나들 수 있는 마루복도를 따로 두어 사생활을 최대한 보호했다.

시어머니 방은 자세히 보면 방 안에 한 겹 구획을 만들어 좁은 방을 뒀다. 당시 안방마님이 자는 방 안 쪽방에선 하녀가 잤다. 그 하녀는 단순히 심부름을 하기 위해서 같이 자는 것은 아니었다. 마님이 잠들 때까지 이야기를 들려주는 역할을 했다. 지금으로 보면 '인간 텔레비전'이었던 셈이다. 계급 사회의 모습을 방 구조가 그대로 보여주는 것이다.

이렇게 하인과 주인 사이의 커다란 신분 차이는 '오은고택鰲隱古宅'이란 현판이 붙어 있는 동별당 건물에서 더욱 극명하게 드러난다. 이 건물은 마루 아래에 작은 나무 여닫이문이 달려 있다. 자질구레한 물건을 넣어두는 수납공간 같지만 문을 열어보면 뜻밖에도 속에는 아궁이가 있다. 저 코딱지만 한 작은 문으로 사람이 드나들 수 있었을까 싶지만 당시 하인들에겐 당연한 일이었다.

이런 다양한 특징들이 숨어 있는 선교장 건물들 중에서도 가장 스타 건물은 역시나 가장 화려한 건물이자 이 집으로 들어설 때 처음 만나게 되는 간판 건물인 활래정이다. 선교장 입구 연못가에 지은 활래정은 뒤쪽은 연못 가장자리 땅에 기대어 있고, 앞쪽은 돌기둥에 의지해 연못 위

동별당인 오은고택과 하인들이 드나들던 마루 아래의 나무 여닫이문

에 올라서 있다. 줄행랑이 창덕궁 낙선재를 닮았다면, 이 건물은 창덕궁 부용지 연못가의 부용정을 연상시킨다.

 '살아 움직이는 물이 계속 들어오는 정자'란 뜻의 활래정은 선교장에서 가장 아름다운 공간이다. 이곳 다실에서 연꽃이 가득한 못을 바라보며 차

살아 움직이는 물이 계속 들어오는 정자라는 의미의 활래정

를 마시는 기분은 궁궐이 부럽지 않을 정도다. 이곳에서 선교장 사람들은 외부의 귀한 손님들을 만났다. 또한 이 연못 연꽃을 활용해 선교장만의 연꽃차 문화를 만들어내기도 했다. 지금도 활래정에선 전통차를 체험하는 프로그램을 운영하고 있어 이 멋진 경치와 정취를 맛볼 수 있다.

연잎차가 보여주듯 선교장은 독특한 건축을 활용해 집안 문화를 만들어냈다는 점에서 다른 부잣집들과 구별된다. 또한 집안 자체적으로도 문화적 생산 구조를 갖추고 있었다. 집안에서 필요한 책을 직접 찍어냈는데, 다른 큰 집안들과 달랐던 점은 일반적인 목판 인쇄가 아니라 석판 인쇄술이 도입되었을 때 이를 가장 먼저 도입해 더욱 고품질에 대량으로 책을 찍었던 점이었다.

이런 문화 중심 경영을 바탕으로 하면서 '가진 자의 의무'에도 소홀히

활래정에서 바라본 연못과 활래정 풍경

하지 않았던 점도 높은 평가를 받고 있다. 지금의 선교장 바로 옆 하인들이 살던 초가집이 있는 부근에는 두 건물이 있다. 하나는 선교장의 위세를 보여주는 커다란 창고 건물이고, 또 하나는 지금 선교장 관리사무소로 쓰는 또 다른 한옥이다. 이 두 건물은 한때 학교였다. 강원도 최초의 근대학교인 동진학교가 이곳에 있었다.

선교장의 여섯 번째 주인이었던 이근우는 조선이 풍전등화의 운명이었던 1908년 인재 양성을 위해 사재를 털어 새로운 학문을 가르치는 동진학교를 세웠다. 그리고 여운형과 이시영 등 당대 최고의 인사들을 교사로 초빙했고, 학생들에겐 숙식과 교복 등을 모두 무료로 지급했다. 그러나 동진학교는 3년 만에 문을 닫고 만다. 민족의식이 높아지는 것을 우려한 일제가 강제로 폐교시켰기 때문이었다.

이근우는 일제강점기 때 일본이 전국 부자들을 모아 만든 중추원 참의를 맡기도 했다. 현실적으로는 일본에 협조해주었지만 뒤로는 비밀리에 독립운동 자금을 댔다. 동진학교를 운영할 때 인연을 맺은 여운형 등을 도왔던 것이다. 그 지원 방법이 무척 흥미롭다. 이근우는 사람을 시켜 집안 사당에서 위패를 몰래 훔쳐가게 했다. 위패는 제사 지낼 때 조상의 혼을 상징하는 물건으로, 조선 시대 양반들에겐 가장 소중한 물건이다. 이근우는 이 위패를 되찾는다는 구실로 독립운동 연락책에게 돈을 건넸다고 한다.

이런 민족주의적 성향은 활래정 연못에도 살짝 숨어 있다. 활래정 연못은 우리나라 다른 연못과는 달리 생나무 울타리가 쳐 있다. 이 나무들은 모두 무궁화다. 의욕적으로 세웠던 동진학교가 문을 닫게 된 뒤 이근우는 속상한 마음에 무궁화를 사당 앞에 심었고, 훗날 1945년 해방이 되자 그의 큰아들은 아버지가 심은 무궁화 묘목으로 활래정 울타리를 만들어 아버지의 한을 달랬다.

그러나 영원한 부자는 없는 법이다. 200년 넘게 강릉을 호령했던 이씨 집안도 시대 변화 속에서 그 위세가 저문다. 20세기 중반에 일어난 농지개혁 때문이었다. 1950년 정부에선 대지주들의 땅을 사들여 농민들에게 나눠주면서 대신 지가증권을 지급했는데, 당시 대지주들 대부분이 그랬듯 선교장 집안도 이를 발 빠르게 산업 자본으로 전환하지 못했다. 얼마 뒤 화폐개혁이 시행되면서 지가증권은 휴지가 되고 말았던 것이다.

그러나 문화로 세운 위상은 지금도 이어지고 있다. 이 집안에서 강릉

시장과 은행장, 대학 부총장 등이 배출됐고, 출판계 중진인 열화당 이기웅 사장도 선교장 사람이다. 이 사장은 선교장 열화당을 출판사 이름으로 짓고 열화당을 국내 최초의 미술 전문 출판사로 키웠고, 파주출판도시를 만들어낸 주역인 출판계의 중진이다. 집안에서 직접 출판까지 했던 전통이 출판사로 이어진 셈이다.

  선교장에 가면 열화당이란 이름을 한 번씩 곱씹어 보게 된다. 뜻 맞는 사람들과 이야기를 나누는 것만큼 즐거운 것이 또 있을까? 문화란 결국 '즐거운 이야기' 속에서 꽃피우는 것이 아닐까. 사람이 사람을 만나고, 즐겁게 이야기를 나누다 보면 그 속에서 문화와 전통이 생겨날 테니 말이다. 정담과 교분이 좋아 '즐거운 이야기 집'을 지은 곳, 그 집 선교장이 일군 아우라는 그래서 더욱 특별하게 다가온다.

열화悅話 라는 이름처럼,
뜻 맞는 사람들과 이야기를 나누는 것만큼
즐거운 것이 또 있을까

선교장

세상에서 가장 작아 가장 커진 집

충재

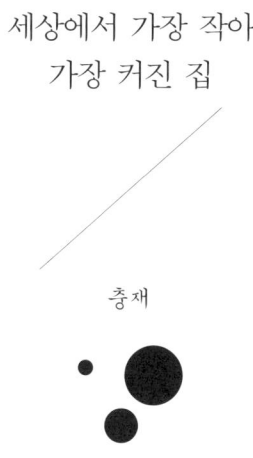

 오래된 한옥들이 줄지어선 마을 끝, 제법 으리으리한 집들이 이어지던 길 마지막에 문 하나가 홀로 서 있다. 그저 쪽문 같은 작고 허름한 문이다. 그 문을 열고 들어서는 순간, 전혀 예상치 못한 놀라운 풍경이 펼쳐진다.

 문을 열면 잠깐 숨 돌릴 겨를도 없이 놀라운 건물 하나가 곧바로 등장한다. 넓적한 큰 바위 위에 지은 아름다운 정자다. 정자의 나라 한국에서도 좀처럼 찾아보기 힘든 모습이다. 경치 좋은 명승지도 아닌 민간 살림집에 이런 정자가 있다는 게 놀라울 뿐이다. 궁궐 정원에 있어도 부족함

청암정, 거북이 등 위에 궁궐 정원에 있을 법한
화려한 정자가 자리 잡고 있다

충재, 바랠 대로 바랜 나무 색깔이
이 집이 버텨온 세월을 말해준다

이 없어 보인다. 자세히 보면 바위는 거북이다. 바위 둘레에 물길을 돌려 물속에서 헤엄치는 거북이로 만들고, 그 등에 정자를 세웠다.

넋을 잃고 정자를 바라보고 나면 다리 하나를 사이에 두고 또 다른 집 한 채가 눈에 들어온다. 정자와 마주 보는, 실로 평범한 집이다. 얼마나 작은지, 달랑 세 칸짜리다. 그러나 작은 집이 뿜어내는 분위기는 강렬하다. 바랠 대로 바랜 나무 색깔이 이 집이 버텨온 세월을 말해주고 있다. 자세히 보면 단청을 칠했는데, 빛과 바람에 색깔이 다 날아가 아련한 흔적뿐이다. '누가 뭐래도 나는 나일 뿐'이라며 의연하게 자기 자리를 지키고 있는 듯한 집이다.

정자의 이름은 '청암정靑巖亭'이다. 청암정은 독특해서 아름답다. 그

다리 하나를 사이에 두고 스타일이 전혀 다른 두 건물이 자연스럽게 어울린다

독특함은 바위에서 나온다. 바위 자체가 멋있는데, 그 위에 집을 올려 돌과 집이 하나가 되며 더욱 독특해졌다.

작은 집의 이름은 '충재沖齋'. 충재의 형태는 실로 근본적이다. 전국 어디에 있어도 자연스러울 가장 기본적인 조선 시대 건축 디자인의 원형을 보여준다.

최대한 화려하게 자신을 드러내는 정암섬, 오로시 기본에만 충실하려 지은 듯한 충재. 정자는 바위 위에서 집을 내려다보고, 집은 정자를 아래에서 올려다본다. 스타일이 전혀 다른 두 건물이 만들어내는 풍경이 묘하다. 형식은 극도로 대비되는데, 함께 보면 이보다 더 자연스럽게 어울릴 수가 없다.

이 두 건물이 있는 집은 경북 봉화의 닭실마을에 있는 조선 시대 문신 권벌(1478~1548)의 고택이다. 안동 권씨들이 모여 사는 닭실마을에서 가장 중심이 되는 종가집이다.

조선의 명문가 종택들은 건축적으로 특별한 집들이 많다. 다 똑같은 한옥 같아도 건물을 배치한 방식이나 연결한 구조를 보면 놀라운 구석들이 숨어 있다. 그래서 많은 종가들이 건축 문화재로 지정되어 있다. 이 권벌 종가도 건축이 특별한 종가다. 건물만 봐도 이 집안이 예사롭지 않음을 눈치 챌 수 있다.

권벌의 집에서 가장 독특한 것 중 하나가 집 뒤편의 사당이다. 종가들을 보면 집이 넓어도 사당은 작은 건물 하나만 갖춰 놓는 게 일반적이다. 그런데 이 집은 사당을 따로 담을 둘러 별채처럼 조성했다. 그리고 사당 건물 옆에 제사 지낼 때 쓰는 건물인 재사를 따로 지었다. 건물들에는 단청까지 했다. 가정집에 있는 사당으로는 전국에서 가장 큰 규모다. 이 집안의 간판스타 권벌이 영의정이었으니 후손들이 사당을 크게 지었을 법도 하다.

그러나 이 집을 가장 특별하게 만드는 것은 역시 저 청암정과 충재, 콤비 건축 세트가 만들어내는 정원이다. 이 정원과 청암정은 한국 민가 조경과 정자 건축의 대표작으로 손꼽힌다. 특히 청암정은 누구나 한 번 보면 반하지 않을 수가 없을 만큼 매력적이다.

그러면 이제 문제 하나를 풀어보자. 저 청암정과 충재 중에 어느 것이 더 수가 높은 건물일까?

사당 주변에 담을 둘러 별채처럼 조성했다

　화려한 정자와 소박한 세 칸 집 사이에서 고르라고 하니 누구나 문제 풀이 요령에 따라 정답은 작은 집일 것이라고 짐작할 것 같다. 그래도 문제를 한 번 비틀었을 수도 있으니 들여다보자.
　일단 청암정은 너무나 근사하고, 충재는 너무나 소박하다. 누가 보더라도 충재가 정자에 딸린 부속 건물로 보인다. 그러나 역으로도 생각해 볼 수 있다. 정자는 가끔 쓰는 건물이고 집은 늘 쓰는 건물이니, 충재가 주가 되고 청암정이 딸림 건물일 수도 있다. 게다가 충재는 작아도 그 느낌이 비범하지 않은가.

　정답은 시험 요령이 일러주는 대로 저 작은 충재다.
　물론 어떤 건물이 더 좋은지는 각자 취향의 문제일 테고, 건축적 의미

충재에서 바라본 청암정의 모습

청암정에서 바라본 충재의 모습

와 배경을 짚어보면 그렇다는 것이다. 그럼에도 의문은 든다. 청암정이 너무 멋져서다. 올라가 앉아보면 시원한 정취가 일품이다. 그 아래 충재는 위에서 바라보니 더욱 작아 보인다. 정말로 저 간단한 충재가 이 빼어난 청암정보다 더 고단수의 건축일까 싶어진다.

충재는 집 자체는 작지만 청암정이 만들어내는 풍경 전체를 자기 것으로 만들고 있다. 권벌은 먼저 충재를 짓고 그다음 충재 안에서 바라보기 좋은 풍경을 꾸미려고 청암정을 지었다. 공간의 주연은 청암정이지만, 주인은 충재인 것이다. 청암정은 정원의 일부가 되어 충재의 시선을 위해 존재한다. 그래서 충재 마루에 앉아 정자를 바라보면 가히 작은 우주가 펼쳐지는 느낌이다. 권벌은 자기가 만들어낸 소우주의 조물주가 되어 청암정을 바라보는 풍경을 즐겼다. 부러워하지 않을 사람이 없을 법한 정원이다.

　충재는 권벌의 호이기도 하다. 조선 시대 양반들이 자기 집 이름을 호로 삼는 것은 흔한 일이지만, 충재 권벌에게 이 집은 진정 큰 의미였다. 권벌의 삶은 이 집 한 채로 표현된다. 그래서 이 집을 이해하려면 권벌이 어떤 사람이었는지를 알아야 한다. 권벌의 삶을 모르고 충재와 청암정을 보면 그저 양반으로 팔자 좋게 태어나 한가하게 시골에서 전원생활을 즐기며 봉사활동에 관심 많았던 어느 귀족의 즐거운 풍류 공간 정도로 오해하기 쉽다. 충재와 청암정은 기본적으로는 풍류적 정서가 어느 정도 깔려 있지만, 권벌이란 인물이 자기 인생에서 가장 괴롭고 힘들었던 시절에 결코 좌절하지 않고 오히려 가장 치열하고 실존적으로 자기 삶을 충실하게 채우려 했던 의지와 노력의 산물이었다.

　권벌은 재수가 좋지 않았던 사람이었다. 인생 초반에는 글씨 한 자 때문에 삶이 꼬였다. 27세에 과거에 급제했는데 답안지에 쓴 글자 하나가 문제가 되어 합격이 취소되었던 것이다. 당시 임금은 연산군으로, 그에겐 아주 싫어했던 사람이 있었다. 김처선이란 환관이 연산군이 미워한 인물이다. 연산군이 임금 노릇엔 관심 없고 향락과 나쁜 취미에 빠지자 김처선은 용감하게 연산군에게 충고했다. 화가 난 연산군은 김처선의 혀와 다리를 잘라 죽였다. 그리고 그의 이름에 쓰인 처處와 선善이란 글자를 쓰지 못하게 명령했다. 실로 황당하고 어처구니없는 일이었지만 폭군의 독재란 것이 원래 그런 것이다. 충재의 답안지에는 이 '처'자가

들어 있었고, 그 바람에 권벌은 3년 뒤에 다시 급제한 다음 비로소 벼슬길에 오를 수 있었다.

출발부터 삐끗한 게 불길한 전조였던지 관료로서의 인생은 실로 파란만장했다. 공직자로 권벌처럼 부침이 심했던 사람도 드물다. 그가 롤러코스터를 타듯 추락과 상승을 반복했던 것은 당시 조선 관료사회를 강타했던 사화 탓이었다. 권벌은 두 번이나 사화로 고초를 겪었다.

그가 첫 사화인 기묘사화에 휩쓸린 것은 마흔두 살 때였다.

기묘사화는 조광조 일파를 처단한 사화였다. 권벌은 조광조와 뜻은 통했어도 그 무리에 속한 것은 아니었는데, 그를 언급한 익명의 글 때문에 파직당해야 했다. 두 번째 사화인 을사사화는 인생 말년인 예순여섯 살 때 겪었다. 이때도 충재는 싸움의 당사자 그룹에 속해 있지 않았다. 그럼에도 그는 소신에 따라 죄명이 분명치 않은 대신들을 처벌하는 것은 안 된다고 직언을 했다가 화를 입었다.

두 번의 사화는 그의 인생을 크게 바꿨다. 첫 번째 사화로 그는 한참 일할 나이인 40대에 전성기를 맞기는커녕 중앙 무대에서 물러났다. 그는 고향 안동으로 돌아온 뒤 경북 봉화에 들어가 터를 잡고 은거한다. 그가 이곳에 지은 집이 충재다. 그리고 마을을 개척했다. 이 마을이 봉화에 숨어 있는 닭실마을이다.

해발 1,000미터가 넘는 산으로 둘러싸인 봉화는 한국 최고의 오지다. 깊은 산골이지만 명당이 많은 곳으로 꼽히기도 한다. 이중환은 《택리지》

에서 이 오지 속에 숨어 있는 닭실마을을 전쟁과 세상을 피해서 살 만한 곳이라고 평했다. 닭실마을은 봉화에서도 가장 유명한 명당이다. 일제강점기 조선 풍수를 연구한 일본 학자 무라야마 지준은 《조선의 풍수》란 책에서 경주 양동마을, 풍산 하회마을, 임하 내앞마을, 그리고 이 닭실마을을 삼남(충청·전라·경상도 세 지역) 4대 길지로 꼽았다.

이 마을은 황금 닭이 알을 품고 있는 모습인 '금계포란' 형국으로 유명하다. 산 모양이 암탉을 닮았다고도 하고, 마을 주변 산세가 닭 모양을 닮았다고도 한다. 닭이 알을 품고 있는 알집 자리에 바로 마을이 자리 잡고 있다. 분명 명당은 명당이었던지 닭실마을은 이후 수백 년 동안 여러 전쟁의 화를 잘 피해갔고, 지금도 전통이 이어지고 있다. 1963년 우리나라에서 처음으로 마을 단위 국가문화재로 지정됐다.

이 마을을 개척한 이가 권벌이었다. 닭실마을에서 은거하던 권벌은 기묘사화가 일어난 지 14년 만에 복권됐다. 환갑을 바라보는 50대 후반, 충재는 실로 오랜만에 한양으로 돌아가 관료가 되었고 장관급 벼슬까지 올라갔다.

그러나 다시 시작한 공직생활도 순탄치 못했다. 언제나 그 자신 때문이 아니라 시대의 탓이었다. 복권 12년 만인 1545년 충재는 을사사화로 또 파직돼 고향으로 돌아간다. 그 2년 뒤 을사사화를 일으킨 윤원형 일파가 잠재적 정적들을 제거하기 위해 문제 삼은 익명의 양재역벽서 사건으로 권벌은 일흔 살에 국경 끝에 있는 평안도 삭주로 귀양 가는 벌을 받는다.

 지금 우리는 귀양을 가는 것이 단순히 주거지를 제한하는 형벌 정도로 생각하기 쉽지만 귀양은 정신적으로 가혹한 벌이었다. 사람의 모든 가능성과 꿈을 막아버리는 것이 귀양이었고, 그래서 마음의 병을 얻게 되는 경우가 많았다. 육체적으로도 마찬가지였다. 귀양지에 가서 소일하면서 편히 살았을 것 같지만 귀양지로 가는 것 자체가 보통 일이 아니었다. 권벌이 귀양 간 삭주는 압록강 바로 옆 국경지대였다. 경북에서 삭주까지 천리 길을 칠순 앞둔 노인이 걸어가야 했다. 그 탓이었는지 이듬해 권벌은 귀양지에서 세상을 떠났다.

 최후는 안타까웠지만 강직하고 올곧았던 성품 덕분에 그는 훗날 명예를 되찾았다. 권벌은 죽은 지 꼭 20년이 된 1568년 좌의정으로, 그리고 1590년에는 영의정에 추증됐다.

 충재는 권벌이 자기 인생 꼭 한가운데 시기를 보낸 곳이었다. 입신양명을 향한 갈망도, 억울한 파직에 대한 복수도, 상심을 잊기 위한 일탈에 대한 욕망도 모두 잊고 그는 자기 마음을 가다듬으며 공부와 교육에만 전념했다. 여름에는 시원한 청암정에서, 겨울이 되면 온돌방이 있는 충재에서 학생들을 가르쳤고 혼자 있을 때엔 성리학을 공부했다.

 당시 조선 지배계급인 양반들은 성리학을 신봉한 점에선 같았지만 그 안에선 많은 차이가 있었다. 거칠게 분류하면 크게 퇴계 이황을 따르는 이들과 율곡 이이를 따르는 이들로 나눌 수 있었고, 이는 다시 지역 배경에 따라 경북 안동을 중심으로 하는 영남학파와 경기·충청권 출신들인 기호학파로 나뉘기도 한다. 물론 그 이전부터 성향과 철학에 따라 이런 분화는 상당히 진행되어 있었다. 그리고 당시 사람들은 어떤 그룹에 속했느냐에 따라 인생이 정해졌다.

조선 시대 거의 대부분 권력을 잡았던 것은 기호학파 쪽이었다. 반면 퇴계학파는 정신적인 측면, 곧 학문적 성취에서 우위에 있었다. 어찌 보면 당연한 것이기도 했다. 중앙 정계에서 높은 벼슬을 하다 보면 공부보다는 행정과 현실 문제에 전념할 수밖에 없고, 관직에 나가지 않거나 못하는 이들은 남는 시간에 공부에 더 빠져드는 게 자연스러웠던 결과였다. 조선 후기로 접어들수록 이런 차이는 더욱 뚜렷해졌다. 그리고 붕당이 심해지면서 양반사회는 점점 더 많은 분파들로 세분화되고 그 차이는 더욱 뚜렷해졌다.

영남 출신으로 퇴계의 선배급이었던 권벌은 특정 정파에 소속되어 핵심적인 활동을 했던 이는 아니었다. 그는 언제나 자기가 속한 집단의 논리가 아니라 공적인 관점과 보편적 대의에 따라 원칙대로 행동했을 뿐이었다. 그러나 조선 역사상 가장 정치적 싸움이 격렬했던 시대에 살아야 했기에 그 흐름 속에서 많은 고초를 겪어야만 했다.

그의 일생을 통해 보건대 권벌이 닭실마을에 들어가 충재를 짓고 은거했던 14년 동안은 험난한 인생에서 어찌 보면 가장 평화롭고 내적으로 충만했던 시절이었다고 볼 수 있다. 황금기에 파직을 당해 향후 인생에 대한 기약이 없어 보일 때에 자기중심을 잃지 않고 오히려 암울한 시기를 충실하게 자기 내면을 다지는 기간으로 만들었다는 점에서 그는 분명 대단했다.

　권벌의 이런 면모가 오롯이 담겨 있기에 충재는 작지만 큰 집이다. 그리고 건축사적으로도 매우 중요하다.

　충재는 권벌 이후의 성리학자들에 많은 영향을 미쳤다. 성리학적 건축의 모델이 된 것이다. 조선 선비 정신이 만들어낸 건축 원형 중의 하나가 충재라고 할 수 있다.

　현대에 사는 우리는 건축은 건축가나 시공자만이 하는 일로 여긴다. 건축이 전문 영역으로 완전히 분리되었기 때문이다. 조선 시대에는 그렇지 않았다. 자기가 살 집은 자기가 설계하는 것이 일상적이었다. 양반은 자기 집을 직접 몸을 놀려 짓지 않았을 뿐 자기 생각과 생활에 맞는 집을 직접 구상했고, 평민들도 자기 살림에 맞게 자기 집을 설계했다. 양반과 달리 직접 짓기까지 했다.

　곧 조선 시대 가장 뛰어난 건축가는 목수가 아니라 학자들이었다. 특히 대학자일수록 뛰어난 건축가였다는 점이 흥미롭다. 퇴계 이황과 우암 송시열은 자기 집을 여러 번 지었던 건축광이었다. 다산 정약용은 수원 화성을 지은 수석 건축가로 엔지니어까지 겸했다. 이 외에도 집을 직접 설계한 유학자들은 실로 많아서 꼽기가 힘들 정도였다.

　또 하나 재미있는 것은 당대 최고의 성리학자들은 말년에 자신의 대

권벌의 험난한 인생에서 충재에서 보낸 시간은
가장 평화로운 시기였을 것이다

작지만 큰 집,
충재는 성리학적 건축 모델의 정수를 담고 있다

표작이 되는 집을 남겼는데, 대부분 아주 작은 집이란 점이다. 퇴계가 세운 도산서당은 방, 창고, 마루로 이뤄진 사실상 세 칸 집이다. 우리나라 집 중에서 가장 작은 집이 세 칸이다. 우암 송시열이 남긴 남간정사는 네 칸이다. 당대 최고의 학자였으니 수많은 제자들이 찾아왔을 텐데 이들은 비좁기 짝이 없는 작은 집을 지어 가르쳤다. 그리고 이 작은 집들은 모두 한국 전통건축의 보물로 평가받는다. 왜 그런 것일까?

그 이유는 집은 작을수록 설계하기가 어렵기 때문이다. 따라서 대가의 솜씨는 작은 집에서 더 선명하게 드러난다. 집이 크면 설계하기는 더 쉽다. 필요한 공간과 기능을 다 집어넣을 수 있어서다. 하지만 집이 작으면 설계는 훨씬 어려워진다. 공간은 제한되어 있는데 충족시켜야 할 것들이 많으니 최대한 알뜰살뜰 궁리하면서 꼭 필요한 것만 남기는 '덜어내기 게임'을 해야 한다. 그래서 더 많은 고민을 할 수밖에 없다. '작으면서도 좋은 집'은 고수들만이 설계할 수 있다. 이런 이유 때문에 동서양을 막론하고 건축 전문가들은 작은 집을 걸작으로 꼽는 경우가 많다. 유명한 현대건축가 에리히 멘델존은 "건축가는 방 하나짜리 건축을 통해 기억된다"고까지 했을 정도다.

이처럼 작아서 위대한 건축 대가들의 '걸작 작은 집'을 가장 잘 보여준 나라가 조선이다. 퇴계와 우암뿐만 아니라 남명 조식과 회재 이언적 등이 모두 건축가였으며, 이들의 걸작은 대부분 작은 집이란 점은 의미심장하다. 그건 경제력이 부족하고 기술이 일천해서가 아니었다. 그들이 진정 중요하게 여겼던 것은 집의 크기가 아니라 소박하고 간결한 미학이었다. 조선의 성리학자들은 집은 아주 작아도 좋다고, 아니 작을수록 좋다고 여겼다. 간소하면서도 절제된 집을 높이 치는 이런 성리학적 건축 철학을 나타내는 말이 '양용삼간陽用三間'이다. 햇볕 잘 드는 작은 세 칸 집이면 한 사람 거처로 삼기에 충분하다는 말이다.

충재는 양용삼간의 교과서다. 부엌 한 칸, 방 한 칸, 마루 한 칸으로 이루어져 있다. 이후 도산서당 등으로 이어지는 양용삼간 건축의 맏형 격이다.

양용삼간은 최대한 절제를 추구하므로 최소한의 건축을 지향하게 된다. 충재는 특히 극한의 절제를 보여준다. 규모도, 구조도, 형태도 모두

양용삼간의 교과서와 같은 집, 충재

최소한이다. 심지어 집에서 바라볼 수 있는 경관까지 아꼈다. 마루를 보면 청암정을 바라보는 쪽만 벽으로 가렸다. 전망을 위해 지은 청암정을 일부러 벽으로 막아 작은 창 하나를 달았다. 혼자 공부하다가 창문을 열면 청암정의 빼어난 모습이 눈앞에 펼쳐지는 것이다. 그럼에도 충재의 공간감이 다른 집보다 훨씬 크고 역동적이다. 작더라도 갖춰야 할 것들은 다 갖췄기 때문에 오히려 더 공간의 느낌이 살아나는 것이다.

조선 성리학자들의 건축이 위대한 이유는 규모와 장식미가 아니라 '겸손'함에 있다. 그들은 자신들이 세상의 중심이라고 믿었던 존재들이었지만 절대 오만하지 않았다.

진정 학문을 사랑했던 성리학자들은 지역 향촌으로 들어가 '리理'를

창문을 열어야만 청암정을 바라볼 수 있도록 벽을 만들었다

실현하는 이상적인 마을을, 그것이 힘들면 이상적인 건축을 시도했다. 그 건축을 굳이 작은 집으로 시도한 것에는 큰 이치가 들어 있었다. 먼 것에서가 아니라 가까운 것에서부터 진리를 찾으려는 정신이었다. 가까운 것부터 생각하는 '근사近思'의 정신이다.

공간을 구성하는 철학도 마찬가지였다. 가장 작고 가까운 내 몸에서 시작해 건물로, 마을로, 나라로, 우주로 뻗어 나갔다. 성리학자들의 건축은 건물은 작지만 공간은 무한해진다. 집 너머 마을 풍경이, 그 너머 산과 강까지 모두 집의 일부가 된다. 자신을 중심으로 우주를 재배치하는 것이다.

면앙정이란 정자를 지었던 조선 문인 송순은 양용삼간의 미학을 가장 잘 보여주는 시를 남긴 바 있다.

> 십년을 경영하여 초려 삼 칸 지어내니
> 한 칸은 청풍이요 한 칸은 명월이라
> 강산은 들일 데 없으니 둘러두고 보리라

집은 주변 환경과 하나가 되어 완성된다. 10년을 구상해 세 칸 초가집을 짓는데, 그 한 칸으로도 혼자 살기 충분하니 다른 한 칸에는 시원한 바람을, 나머지 한 칸에는 저 밝은 달까지 들일 수 있다고 생각했으니 이보다 정신적 스케일이 큰 집이 또 있을까. 이 아름다운 시가 그대로 집이 된 것이 충재다.

충재는 사람 한 명, 작은 집 하나에서 시작된 건축과 정신의 동심원이 우주로 퍼져 나가는 성리학적 정신을 우리에게 가르쳐준다. 이 작은 집에서 느낄 수 있는 감동과 즐거움은 그 어떤 집보다도 크다.

한 칸은 바람에, 한 칸은 달에 내어주니
그 어떤 집보다 큰 정신이 깃든 곳

충재

점집과 정자로 꾸민
세상에서 가장 유쾌한 사무실

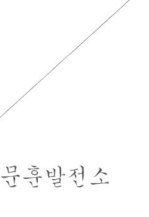

문흥발전소

이런 회사가 있다면 과연 다니고 싶을까?

회사 사장 자리가 1층 현관 앞에 있어서 회사를 드나들려면 꼭 사장 앞을 지나가야 한다. 외부와 전화나 팩스로 연락하는 것은 해외 업무를 빼곤 모두 금지. 전화는 반드시 공용전화를 써야 하는데, 바로 사장 앞에 있다.

직원 입장에서 보면 정말 해도 너무한다. 독재자도 이런 독재자가 없다. 그런데, 입장을 한 번 바꿔보자. 당신이 이런 회사 사장이라면?

사장 역시 죽을 맛일지 모른다. 모든 직원들의 일거수일투족을 사장

세계에서 가장 독재적인 방식으로 사무실을 운영하는
안도 다다오

이 감시하는 동시에, 사장의 모든 것도 직원들에게 감시당하는 셈이다. 하루 종일 자기 일과를 열정적으로 해낼 자신이 없다면 도저히 못할, 진짜 독종만 할 수 있는 '사장질'이다.

이렇게 '천상천하 사장독존' 회사인데도 젊은 지원자들이 찾아온다. 이 회사가 바로 일본을 대표하는 스타 건축가 안도 다다오의 건축사무실이다. 세계적 건축가 밑에서 건축을 배워보겠다는 젊은 건축학도들이 줄지어 이 무지막지한 회사에 입사한다. 안도 다다오 자신도 자기의 이런 유별난 스타일을 잘 알기에 버텨낼 것으로 생각되는 사람만 뽑는다. 다다오 사무실에서 운영하는 건축 교육 프로그램에 먼저 참여해 이 회사 분위기를 파악하게 하고, 그래도 다니겠다는 사람만 뽑는다.

안도 다다오처럼 특이한 건축가도 없다. 대학도 가지 않고 권투 선수를 하다가 건축가가 되기 위해 혈혈단신 유럽을 돌며 유명 건축물들을 답사한 인물. 우리나라 못잖게 인맥·지연·학연으로 모든 게 이뤄지는 일본에서, 그것도 설계를 따내는 데 연줄이 많이 작용하는 건축에서, 오로지 능력과 근성 하나로 성공한 인물. 고졸인데도 일본 최고 명문인 도쿄대 교수가 된 인물이다. 자수성가형 명사들이 대부분 그렇듯 자기의 경험과 철학을 가장 믿는다. 자신이 그런 방법으로 성공했기 때문이다.

건축은 엄청난 돈이 드는 속성상 지명도가 있는 기성 건축가들이 훨씬 유리한 분야다. 날고 기는 건축가들이 수두룩한 일본에서 학벌이 좋기는커녕 아예 없고, 도쿄 출신도 아닌 오사카 출신인 안도가 살아남는 법은 결국 건물로 보여주는 수밖에 없었다. 그는 오로지 자신의 아이디어와 미학만으로 승부했다. 살아남는 방법은 늑대처럼 거칠었지만, 작품을 만드는 일은 여우처럼 명민했다. 다른 건축만이 그가 살아남을 수 있는 유일한 길이었다. 그렇게 성공한 그는 자기 사무실도 자기만의 방식으로 운영한다. 가히 세계에서 가장 독재적인 사무실이라고도 할 수 있을 것이다.

건축가는 다른 어떤 직종보다 세상 여러 가지에 관심이 많은 직업인이다. 건축 자체가 온갖 것들을 가져다가 엮고 조립해서 새로운 것을 만들어내는 작업이다 보니 그런 성향이 강해질 수밖에 없다. 자수박물관을 설계하면 자수에 대해 공부해야 하고, 수영장을 설계하게 되면 미끄럼틀과 비키니 수영복에 대해 고민해야 한다. 그러면서 기존과 다른 새로운 공간을 만들어내야 건축가로서 빛을 볼 수 있다. 새로운 공간이란 결국 새로운 프로그램이다. 건물의 목적은 무엇이며, 이 건물에 들어오는 이들은 어떤 성향과 행동을 보이며, 무엇을 새롭게 더해야 건물과 이용자들 모두가 더 좋은 공간을 체험할 수 있느냐를 연구해야 한다. 이런 일들을 반복하고, 매번 다른 지식과 관심이 더해지면 건축가들은 건축으로 구현하는 '공간' 못잖게 이 '프로그램'이란 것에 빠져든다. 실은 공간 자체가 프로그램이기도 하다. 어떤 공간이냐에 따라 그 공간에서 벌어지는 일도 규정이 되니까.

이런 건축가의 관심과 철학, 개성, 그리고 꿈꾸는 바가 가장 잘 드러나는 곳은 다름 아닌 건축가 자신의 사무실이다. 특히 사무실의 운영 프로그램을 보면 건축가의 철학과 가치관이 그가 설계한 건물보다 더 선명하게 나타날 수 있다.

직장이 아니라 전장에 나가는 사무라이 같은 마음가짐을 주문하는 안도 다다오의 사무실은 치열한 경쟁장인 건축계에서 '믿을 것은 자기 자신뿐'이란 확신으로 살아온 안도 다다오의 자기중심적 세계관이 담겨 있다. 리더 한 명이 절대적 권한을 지니고 직원들은 철저히 복종하면서 오너 중심으로 꾸리는 건축가 사무실의 극치라고 할 수 있다.

이런 사무실 운영 방식은 건축가들의 작품 이상으로 내면을 잘 보여준다. 그러나 우리가 건축가들에게 엿볼 수 있는 가장 큰 재미는 이런 운영 방식보다는 그들의 사무실이다. 건축가들만이 만들어낼 수 있는 특별한 사무실, 당연히 엿보고 싶지 않은가.

건축가들의 사무실이 재미있는 것은 그들의 개성을 가장 잘 보여주기 때문이다. 자기 사무실이니 자신이 건축주이므로 아무런 제한 없이 자기 마음대로 꾸밀 수 있다. 문제가 되는 것은 오로지 비용뿐. 그래서 더 실험적인 아이디어도 가능하다. 건축가의 사무실은 이런 묘미를 가진, 그리고 건축에서만 만나볼 수 있는 가장 독특한 사무실 건축 장르라고 할 수 있다.

물론 모든 건축가들이 사무실을 자기 개성대로 마음껏 꾸미는 것은 아니다. 건축가들의 사무실을 가보면 남의 집은 멋지게 설계해주면서 자기 사무실은 무척이나 무개성한 곳들이 오히려 훨씬 더 많다. 호텔 주방장이 집에 가서는 미식 요리를 해먹지 않고 자기 집 밥을 좋아하는 것과 비슷하다.

하지만 별로 꾸미지 않은 건축가들의 사무실에도 다른 직종 사무실과는 다른 특징은 발견할 수 있다. 한국 건축가들이 특히 이런 경향이 강하다. 화려하기보다는 얌전하고 담백한 분위기를 추구하며, 건축가들이 유독 좋아하는 밝은 색 자작나무로 아주 단순한 형태의 맞춤 가구를 짜고, 벽은 노출 콘크리트가 많고, 바닥은 역시 맨 콘크리트에 에폭시 수지를 발라 투명하게 표면 처리하는 것들이다.

이처럼 자기 사무실을 화끈하게 꾸미는 건축가는 실은 무척 적지만 간혹 '정말 특별한' 사무실을 시도하는 건축가들이 있다. 한국에서 이런 건축가를 꼽으라면 모든 건축가들이 이 건축가를 꼽을 것 같다. 사무실 이름부터 이상한 '문훈발전소'의 문훈 소장이다.

2000년대 초반 미국 매사추세츠공대를 졸업하고 유학에서 돌아온 그의 데뷔작은 서울 중랑구에 있는 평범한 임대용 다세대주택이었다. 이 작품이 주목받은 것은 내부의 인테리어가 정갈하고 세련되기도 했지만 그 외관이 독특해서였다. 건물 외피에 철제 메시를 씌워 보이는 듯 보이지 않는 표면으로 만든 것이다. 이 집의 별명은 당연히 '망사스타킹 집'이 됐다.

이후 작품들도 파격과 도발, 재미의 연속이었다. 강원도 정선의 펜션 '락있수다'에서는 건물에 뿔을 달고 꼬리를 만들었고, 서울 홍대앞 '상상사진관'에선 건물 맨 꼭대기에 마치 비행기 조종실처럼 튀어나온 전망대 같은 공간을 배치했다.

그러나 이런 여러 작품들도 그의 사무실처럼 개성적이진 못했다. 그가 아무리 톡톡 튀는 건축가라고 해도 건축주의 요청을 받아 설계를 하는 이상 자기 취향대로만 건물을 만들어낼 수는 없으니까. 그가 진정 자기 마음대로 꾸민 문훈발전소 사무실은 가히 한국, 아니 세계 건축계에서도 단연 손꼽힐 법한 '개성적인 사무실'이다.

문훈 소장이 본격적으로 자기 개성을 드러냈던 두 번째 사무실은 서울 논현동의 한 한적한 주택가 부근 상가건물 1층(가게들이 주로 들어가는 1층에 건축가들이 사무실을 낸 것도 드문 일이다)에 있었다. 이 사무실은 동네 사람들을 궁금하게 만들었다. 일단 문훈발전소란 회사 이름 자체가 업종을 짐작하기 어렵게 했고, 그보다 더 이상했던 것은 사무실 외관이었다. 전면을 빨간 색으로 칠했는데 더 이상한 것은 시뻘건 망사 천을 입구에 치렁

문훈 소장의 건축사무실은 전 세계를 통틀어서 꼽아보아도 정말 특별한 곳이다

치렁 드리운 것이었다. 게다가 간판은 화투 8광 모양(문 소장의 명함을 그대로 간판으로 만든 것)이었다.

궁금해서 살짝 안을 들여다본 주민들은 더욱 놀랐다. 내부 전체가 새빨갰고, 정체를 알 수 없는 미니카며 바비인형, 마네킹 모양 등이 잔뜩 들어 있었다. 천장에는 반짝거리는 유리 상식등이, 바닥은 버거킹 햄버거 매장처럼 흑백 대비 타일을 깔았다. 가구들도 모두 빨간색이었는데, 게다가 좌식 공간이었다. 주민들이 수군댄 끝에 이 이상한 사무실의 정체를 '점집'으로 추정했던 것은 당연했다.

실제로 문 소장이 이 사무실을 꾸민 콘셉트가 실제 '점집', 정확히는

한적한 주택가에 자리 잡은 이곳은 도대체 무엇을 하는 공간일까?

문훈발전소라는 이름에서도 어떤 곳인지 유추하기가 힘들다

'무당집'이었다. 문 소장은 무당집에 갔다가 사무실 콘셉트의 아이디어를 얻었다고 한다. 신을 모시는 제단이 인상적이어서 이를 계단식 사무실 가구로 디자인했고, 자신이 가장 좋아하는 색인 빨간색으로 공간을 꾸몄다. 그리고 건축적으로 그가 가장 실험적으로 도입했던 것은 '좌식 사무실'이란 개념이었다. "편하게 늘어져 누워 있는 자세를 좋아해서"였다.

그렇다면 마룻바닥으로 안 하고 바닥 타일은 왜? "바닥 디자인이 강하게 대비되는 게 좋은데 마루로는 그렇게 못하잖아요. 그리고 타일을 깔고 온돌을 하면 겨울에는 따뜻하고 여름에는 시원해서 아주 좋아요."

입구에 펄렁거리는 양파 주머니 같은 망사는 그의 건축에 자주 등장하는 요소다. 물론 망사는 남성들이 좋아하는 시각적인 대상이다. 문 소

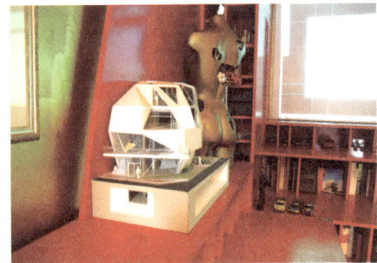

새빨간 내부에 흑백 타일, 정체모를 장식품이 가득한 사무실 내부. 바깥보다 내부가 더 놀랍다

장 역시 성적인 이미지에 관심이 많다. 그러나 건축가로서 좋아하는 이유는 재료적 특성 때문이나. 안의 실루엣은 보이면서 정확한 모습은 감춰지는 그 느낌을 건축에 적용해보고 싶다는 것이다. 장난감은? "건축에 영감을 주는 중요한 것들 중 하나"라고 한다.

이 사무실이 재미있었던 것은 방문할 때마다 느낌이 달라지는 점이었다. 처음 가보면 정말 충격적이다. 온통 빨간색으로 치장한 공간은 대부분 사람들에게 살면서 한 번도 만나기 어려운 곳이다. 게다가 좌식인 것도 처음엔 난처하기까지 했다.

그런데 조금만 있어 보면, 그리고 다시 찾아가 보면 예상 이상으로 쉽게 익숙해진다. 이상하다는 생각이 사라지고 원래 그랬던 곳으로 자연스럽게 받아들여진다. 좀 튀는 카페에 있다는 기분이랄까. 그리고 이 공간의 '분위기'로 관심이 향한다. 모든 요소들이 하나같이 강렬해도 이것들이 모여서 만들어내는 느낌은 의외로 단순하면서도 정제되어 있다. 또한 디자인 스타일은 서양식 모던풍인데도 한국적이고, 에로틱한 느낌이 풍긴다. 건축이 '조합의 예술'임을 예상외로 잘 보여주는 공간이다.

"동양적 공간의 밀도가 매력적이어서 '작지만 무한한 공간'을 해보고 싶어요. 바닥도 책상이 되고, 제단은 가구이자 의자도 되고. 모든 게 공간이 되는 거죠. 유연한 공간flexible space이자 규정되지 않는 공간unspecific space을 시도한 겁니다. 저는 균질 공간universal space은 싫어요. 향기가 없거든요."

이 점집 사무실에서 몇 년을 보낸 뒤 문훈은 사무실을 역시 역삼동의 한 골목으로 옮겼다. 그는 기대를 배반하지 않았다. 사무실 분위기는 이전 점집과 전혀 달라졌고, 그러면서도 맥락은 이어지고 있었다. 가장 달라진 점은 '실내 정자'를 집어넣은 것이었다. 점집에서 정자로 변했다.

시작부터 범상치 않은 새빨간 문과 팔광 문양

금색 벽에는 갤러리처럼 그림이 걸려 있다

그의 세 번째이자 현재 사무실은 역시 아주 평범한 사무용 건물 2층이다. 논현동 점집 시절처럼 1층에서 황당하고 화끈한 장면이 펼쳐지진 않지만 2층에 올라가면 역시나 화끈하게 손님을 맞는다. 화투 8광 입간판에 벽은 검은색으로 칠하고 문은 이번에도 새빨갛게 칠했다.

빨강 문을 열면 방은 온통 검정이다. 천장과 바닥 모두 검정이고, 딱 한 벽만 금색으로 칠했다. "이번에는 실내 갤러리를 만들어보고 싶었다"고 한다. 이 벽에는 문 소장 특유의 그로테스크한 그림들을 걸었다. 마주보는 벽에는 건축 모형들, 그리고 그가 모은 미니카 등을 전시한다. 진짜 갤러리다.

입구 쪽 벽에는 자세히 보면 작은 볼록 거울 두 개가 꼭 사람 눈높이에서 반짝거린다. 이전 점집 사무실에서도 입구에 붙였던 장식이다. "이

"유연한 공간이자 규정되지 않는 공간을
시도한 겁니다. 저는 균질 공간은 싫어요.
향기가 없거든요."

마주보는 검은 벽에는 미니카와 건축 모형을 전시했다

입구 쪽 벽에는 사람 눈 모양의 볼록 거울이 반짝거린다

거요? 진짜 눈이에요, 눈. 이 눈은 애니미즘적 표현이에요. '모든 것은 살아 있다'는. 누가 우리 사무실을 보는 것 같잖아요. 저 눈을 붙이고 저 혼자 즐기는 놀이에요."

검은 벽과 금색 벽을 사이에 두고 회의용 큰 테이블이 있고, 테이블 뒤에 그가 만든 '실내 정자'가 있다. 네모반듯한 현대풍, 미래풍 정자다. 정자 색깔은 역시 그가 가장 좋아하는 빨강. 네 면 중에서 회의 공간 쪽을 향하는 한 면은 조그만 마름모꼴 격자창을 댔다. 망사 스타킹 콘셉트의 연장선이다.

이 정자가 문 소장의 개인 사무 공간이다. 다른 직원들은 금색 벽으로 구획한 안쪽 '정상적'이고 차분한 사무실에서 일한다. 정자 안은 이번에도 좌식 타일 바닥이다.

문훈 소장의 사무 공간인 실내 정자

정자 콘셉트는 담양 소쇄원의 광풍각이 모티브였다고 한다. 광풍각처럼 시원한 정자의 느낌을 갖고 싶었고, 공간적으로는 경주의 독락당에 있는 정자 계정의 묘미를 사무실 안에서 시도하고 펐디고 한다. 한국 전통 건축의 걸작으로 꼽히는 독락당에서도 가장 매력적인 건물은 독락당 담장의 일부가 되어 바깥 계곡을 바라보는 계정이다. 이 계정처럼 중간 공간이 되어 서로 다른 양쪽 공간을 동시에 접하는 정자가 그가 구상한 원래 정자였다. 그래서 사무실 중간을 나누는 벽 사이에 정자를 넣으려 했는데, 공간 형편 때문에 지금처럼 만들었다.

직원들은 금색 벽 안쪽 일반 사무 공간에서 일한다

정자 안은 두 번째 사무실처럼 좌식 타일 형태로 꾸몄다

정자 안에 들어가 보면 기분이 묘하다. 실내에 다시 실내가 있고, 정자를 기준으로 다시 내부와 외부가 나뉜다. 그러면서 반쯤 통하고 반쯤 닫혀 있다. 독락당 방식은 아니어도 서로 다른 두 공간을 정자 안에서 동시에 체험하는 재미가 있다. '갤러리 안의 정자'다.

이 정자는 스크린을 내리면 닫힌 공간으로도 변한다. 회의실 쪽 차양은 빔프로젝터용 스크린이다. 회의할 때는 스크린을 내려 이미지를 비춘다. 문 소장이 혼자 집중하고 싶을 때엔 네 스크린을 모두 내려 혼자 숨는다.

이번 정자 사무실은 22평, 그리 넓지도 좁지도 않지만 정자와 갤러리가 들어가 다양한 요소들이 공존해서 무척이나 공간감이 풍부하게 다가온다. 비용은 얼마나 들었을까. "설계는 제가 했으니까 무료였고, 실공

정자 안에서 밖을 보면 반은 열려 있고 반은 닫혀 있다

정자의 외부 벽에 블라인드를 내리면 스크린으로도 쓰인다

사비는 1,000만 원이 들었어요." 페인트칠은 직원들과 같이 했으니 인건비가 필요 없었다고 한다.

그는 왜 이렇게 개성적으로 사무실을 꾸미는 걸까? 바보 같은 질문을 하지 않을 수 없었다. "저만의 공간이란 게 즐거워요. 개들이 길 다니면서 중간에 오줌 누면서 영역을 표시하잖아요? 건축가는 오줌이 아니라 자기만의 표현으로 영역을 표시하고 싶은 겁니다."

문훈 소장이 우리 건축계에서 돋보인 이유는 지금 한국 건축에 빠져 있는 '재미'란 요소를 갖고 있기 때문이다. 한국 건축은 수준이 높아졌지만 여전히 건물들은 엇비슷하고 엄숙한 편이다. 건축가들의 경연장인 파주 헤이리에 가보면 사람들은 모든 건물들이 한 건축가가 설계한 것처럼 느낀다. 건축가들은 서로 다르다고 주장하는데 실제 느낌은 모두 노출 콘크리트에 기하학적이고 절제된 양식이어서 다 비슷해 보이는 탓이다.

반면 문훈의 건축은 언제나 건축주의 판타지, 그리고 건축가의 새로운 시도를 지향한다. 목조주택이 달팽이 모양으로 만들어지고, 집 안에는 미끄럼틀이 되면서 책장도 되는 나무 계단이 들어가기도 한다. "유치하다"는 비판에도 그는 아랑곳하지 않는다. "지금 우리 건축은 다 비슷비슷하다. 근친상간으로 열성 유전자만 강해진 결과다. 건강한 건축은 다른 유전자와 교합해야 한다. 난 유치함이 오히려 진실함과 통한다고 믿는다." 그의 지론이다.

그의 디자인은 분명 튄다. 물론 그 안에는 정제된 논리가 숨어 있다. 일부러 튀려는 것이 아니라 그가 해보고 싶은 조형적 시도의 산물이라고 봐야 할 것 같다. 그리고 건축가로서의 자존심도 바탕엔 깔려 있다.

"건물의 기능성은 기본입니다. 그걸 누가 못해요? 저는 거기서 더 나가서 색, 캐릭터, 이야기를 입히고 싶어요. 그런데 다른 건축가는 그런 것을 필요 없다고 생각하는 것 같아요. 저는 강렬한 색이 좋아요. 색이 마음을 움직이니까. 특이한 모양이 기능과 무관하다고 말하는 이들도 있어요. 그러나 모양은 그 자체로 의미가 있습니다. 화려한 열대어나 공작새들은 왜 그런 모습이겠어요? 그렇게 진화한 겁니다."

그의 이런 건축관은 그의 사무실에서 가장 실험적으로 현실화되고 진화해간다. 그가 만들 다음 사무실이 벌써부터 궁금해졌다.

  문훈 소장이 꿈꾸는 '궁극의 사무실' 또는 '최후의 사무실'은 "극장 같은 사무실"이라고 한다. 정확히는 "아이맥스 극장을 사무실로 꾸미는 것"이다.

"거대한 극장 속에 우주선 조종센터 같은 아주 크고 모든 것을 다 넣을 수 있고 동시에 다 볼 수 있는 사무실이에요. 건축주가 오면 설계한 집을 아이맥스 화면 영상으로 보여주는 거죠. 집을 실물 사이즈로 보여주는 겁니다. 효과음도 내면서 말이죠. '쿠쿠쿠궁, 짜잔~' 하면서 자기가 살게 될 집이 나오면 멋지지 않겠어요?"

건축주가 오면 설계한 집을
아이맥스 화면 영상으로 보여주는 거죠.
집을 실물 사이즈로 보여주는 겁니다.
효과음도 내면서 말이죠.
'쿠쿠쿠궁, 짜잔~'

문훈발전소

사무실 운영 방식을 '헌법'으로 명시한 건축가 리처드 로저스

안도 다다오의 사무실이 엄격한 상명하복을 중시하는 동양적 가치관을 보여주고 문훈발전소가 자유분방하고 실험적 정신을 보여준다면, 유럽의 건축가 사무실들은 유럽 특유의 가치관과 지향점을 추구하는 운영 방식으로 꾸려가는 곳들이 많다.

사무실 운영 철학이 독특한 대표적인 건축가로는 단연 리처드 로저스를 꼽을 수 있다. '건축계의 노벨상'이라고 불리는 프리츠커상을 받은 리처드 로저스는 영국을 대표하는 3대 현대 건축가로 꼽히는 세계적인 거장 건축가다. 프랑스 파리의 랜드마크인 퐁피두센터와 런던의 밀레니엄돔, 로이즈 보험사 사옥, 웨일즈 의회의사당 등 수많은 건물들을 설계하면서 세계 건축계를 이끌어왔다.

그야말로 가장 성공한 건축가라고 할 수 있는데, 그의 사무실 운영 방침을 보면 거의 사회주의자 수준이다.

리처드 로저스의 대표작 밀레니엄돔

　리처드 로저스는 자기 사무실 운영 철학을 아예 정관으로 규정해놓았다. 대표 건축가인 자신의 권한과 역할을 최대한 보장하는 것이 아니라 거꾸로 억제하는 내용들이 더 많다.
　가장 흥미로운 규정은 연봉에 대한 것이다. 최고 디렉터의 급여는 가장 적은 급여를 받는 건축가의 6배까지만 받을 수 있고, 회장(리처드 로저스)은 9배까지만 받을 수 있다. 신입 건축가와 대표 건축가의 연봉이 불과 9배 차이인 것은 요즘 기업들 경향에 견주면 놀라운 결정이다. 자본주의 왕국 미국의 기업 최고경영자들은 일반 직원들보다 보통 100배 이상, 많게는 1,000배 이상 많은 급여를 받는다.
　뿐만 아니라 이 회사는 설계를 수주할 때도 '해서는 안 되는 설계'를 못 박아뒀다. 군대의 일을 안 하는 규정이 대표적

로저스의 또 다른 대표작 퐁피두센터

이다. 평화가 아니라 파괴나 전쟁을 추구하는 건축주의 일은 하지 않는다는 것이다.

리처드 로저스는 이 규정들을 '헌법'이라고 부른다. 그의 헌법에 따르면, 대표 건축가들은 지분을 소유하지 않는다. 그 지분은 자선단체가 소유한다. 또한 이렇게 지분을 갖고 참여하는 자선단체와 소위원회에는 반드시 외부 인사가 포함되어야 한다. 투명하고 공익적인 경영을 위해 거의 모든 장치를 해놓은 것이다. 그리고 모든 이익은 직원들과 나눈다. "구성원 모두가 각자 시민으로서의 사회적 책임을 지녀야 하기 때문"이어서다.

리처드 로저스의 운영 철학은 공동체 정신과 분배, 사회적 책임을 강하게 추구하는 유럽 사회주의 전통을 반영한다. 로저스 자신도 이런 철학을 자기 건축에서 추구해왔다. 그는 건축가이자 도시계획가로서 늘 하이테크와 고밀도 건축, 고밀도 도시를 주장해왔다. 개발론자여서가 아니다. 에너지 효율과 친환경성, 지속 가능성을 중시하기 때문에 에너지 효율이 높고 경제적인 고밀도 건축, 이동거리가 짧아 대중교통과 자전거가 탈것이 되는 시스템을 중시한다. 또한 공동체성과 계층 간의 어울림, 사회적 관계가 중요하다고 역설한다.

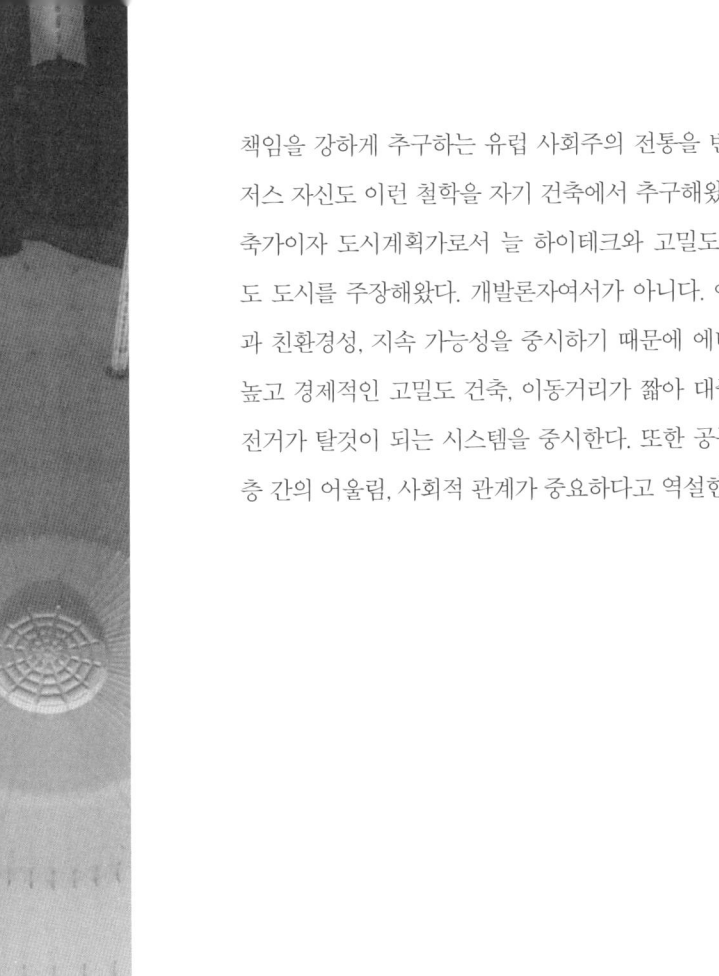

사진 출처

* 이진아기념도서관
  └ 김종오 : 21쪽 좌측, 22쪽 우측, 24, 30쪽

* 대한성공회 서울대성당
  └ 정정웅 : 42, 43, 56쪽

* 어린이대공원 꿈마루
  └ 김용관 : 62~74쪽
  └ 김재경 : 78쪽

* 기적의 도서관
  └ 김재경 : 80~92쪽

* 전쟁과 여성인권박물관
  └ 김두호 : 100~118쪽
  └ 와이즈 건축 : 106, 107쪽

* 도동서원
  └ 안장헌 : 120~138쪽

* 봉하마을 묘역
  └ 김종오, 이로재 제공 : 178~194쪽

* 프루이트 아이고와 세운상가
  └ 경향신문, 민주화운동기념사업회 제공 : 222쪽
  └ 김재경 : 227, 234쪽

* 충채
  └ 이병학 : 306, 309쪽

* 문훈발전소
  └ 신소영 : 333, 346쪽
  └ 문훈발전소 : 338쪽

여기에서 출처를 밝힌 사진을 제외한
나머지 사진은 지은이가
직접 찍은 것입니다.
외국 건축물 설명 등에 쓰인 몇몇 사진은
자유롭게 이용 가능한
공개된 자료(public domain)입니다.